无力小芮

著

如何摆脱隐性控制

How to
Get Rid of Implicit Control

图书在版编目（CIP）数据

如何摆脱隐性控制 / 无力小芮著. — 南京：江苏凤凰文艺出版社，2024.5
ISBN 978-7-5594-8383-6

Ⅰ.①如… Ⅱ.①无… Ⅲ.①人格心理学 Ⅳ.①B848

中国国家版本馆CIP数据核字(2024)第009279号

如何摆脱隐性控制

无力小芮 著

责任编辑	白　涵
特约编辑	丛龙艳
装帧设计	熊　琼 甚中 DESIGN WORKSHOP
出版发行	江苏凤凰文艺出版社
	南京市中央路165号，邮编：210009
网　　址	http://www.jswenyi.com
印　　刷	天津中印联印务有限公司
开　　本	880毫米×1230毫米　1/32
印　　张	9.5
字　　数	220千字
版　　次	2024年5月第1版
印　　次	2024年5月第1次印刷
书　　号	ISBN 978-7-5594-8383-6
定　　价	58.00元

江苏凤凰文艺版图书凡印刷、装订错误，可向出版社调换，联系电话：025-83280257

前言

"当着大家的面说出你不足的人才是真朋友!"
"我这样管着你也是为你好!"
"要不是因为我,你能得到这个工作机会吗?"
"要不是我,别人会喜欢你这么糟的人吗?"
…………

生活中,听到这些话,一方面,你可能会感到愤怒、压抑和委屈,心想对方有什么资格这么评价自己,另一方面,你又会感到有些担忧和惶恐,猜测"他说的是不是真的?我可能真的很糟糕?"。虽然你内心已经感觉到了对方的敌意、打压、控制或者贬低,但又担心自己是不是"太敏感""不识好歹""开不起玩笑"。

我是一名线上情感和心理类自媒体博主,我叫无力小芮。我原本是一个漫画师,因受困于重度抑郁症多年,故学习和研究了很长时间的心理学知识,也尝试过很多心理学疗法,经过多年和抑郁症的抗争,最终治愈了,只是抑郁症带来的无力感一直伴随着我,故取名为"无力小芮"。我目前已做线上的情感和心理学科普自媒体多年,也有幸以线上答疑、线上情感咨询的方式陪伴许多陷在情感和心理困境的伙伴走出迷雾,看清关系的真相,走出了关系困境,

如何摆脱隐性控制

治愈心理创伤，陪伴他们收获了更滋养的情感生活状态，获得了心智的成长。

在我接触的线上情感咨询案例中，很多人都受到过来自他人或隐蔽或明显的恶意攻击，他们为此受伤、委屈、低落、愤恨、自我否定以及自我怀疑等，久而久之造成了短期的内心郁结甚至长期的心理创伤。如果你也曾遭遇或者正在遭遇这样的攻击或因为这样的伤害而感到困惑，我想告诉你，请相信和尊重自己的真实感受，你真的没有"想太多"。

他人明显的控制欲与攻击并不可怕，面对直接的谩骂或者殴打，我们可以予以回击或者寻求他人或相关部门的帮助，及时止损，迅速地远离做出这种行为的人。而很多控制和攻击行为十分隐蔽，实施者并不会把恶意写在脸上，而是表现出一副热情、和善的样子，让人难以区分对方是真的出于善意还是在操控或者利用自己。长期陷于这种令人困惑和压抑的关系，对我们的身心健康十分有害。在病态的关系里，我们会变得小心翼翼，不再自信，惴惴不安，社交、生活和工作也可能被影响得一团糟，接踵而来的很可能还有无尽的焦虑、紧张、压抑、愤怒、惶恐等消极情绪，我们憎恨对方，但又害怕失去对方，更害怕自己真的变成对方口中那个"一无是处、惹人嫌弃"的人，这种不自信和恐惧会渗透我们生活的方方面面，让我们感觉自己别无选择，被困住了。

如果我们遇人不淑，很大原因是我们对人的认知太过局限，不了解人格的多样性，不了解"看起来都是人类的样子，行为风格、

前言

内在逻辑和良知系统却可能存在根本的差异"。在不了解自己所面对的与常人看起来无差别的"问题人格者"内心究竟是什么情况的时候，我们会天真地觉得自己无论遇到什么人、什么问题都能处理好。人多少都会有些自恋。然而，若不幸遇到了一个问题人格者，并掉以轻心地与其陷入了深度的关系，我们就会体验到那种难以言说的失控和无能为力感，轻则感到痛苦、怒不可遏、郁结难舒，重则倾家荡产，甚至付出生命的代价……

也许你看到过"孕妇被丈夫推下悬崖骗保""一言不合在路边将分手女友殴打致死""危难关头将闺密反锁在门外致使闺密惨遭杀害"等骇人听闻的新闻，这些都是问题人格者所为。你可能无法理解这些问题人格者反常的行为逻辑，也无法唤醒这些人的良知，因为他们缺乏人性中的共情能力，他们的内在思维逻辑与常人有着根本的不同。

若我们不拓展对人的认知，不耐心细致地观察、接触和思考日常接触的人，不尊重和相信自己的真实感觉以及直觉，那么我们在与人前期交往的过程中是难以识别出那些问题人格者的异常和危险之处的。若不幸与这些问题人格者进入深度的关系，等到察觉到明确的不对劲的时候，往往已经损失惨重。

本书就是为正在经历或者经历过与问题人格者交往而身心受创的人写的。

在本书中，你可以：

1. 认清自己的情绪、感受、直觉，并了解它们在警示什么。

2.看清给自己带来不良感受的问题人格者,拓展对问题人格者的认知。

3.学会如何应对问题人格者、如何有效地自我保护。

4.走出消耗自己的危险关系,修复心理创伤。

希望本书能够帮助你更早地识别身边的问题人格者,更好地保护自己。希望你在面对别人的打压和指责时能守住内心的声音与感受,可以告诉自己和对方:"不要想控制我!"

◆ 特别说明

1.本书提及了十类人格障碍,我根据《精神障碍诊断与统计手册》第五版(DMS-5)和所查阅的每类人格障碍的相关心理学理论知识,结合我个人的真实经历、体验,以及多年来线上咨询者的真实经历,整理总结出来这十类常见人格障碍者的识别方式和应对办法。本书不作为医学诊断依据,想了解自己或者身边人的具体人格状况,请去专业医院的精神科做检查。

2."人格障碍"指的是个体明显偏离了自身所处文化背景的异常内心体验和异常行为模式,通常起病于青少年或者成年早期,随着时间的推移变得稳定,并导致个体的痛苦及身心损害,同时也危害着个体的亲密关系对象。由于人格障碍者多半不具备正常的情感能力,也不具备正常的自省力,且需要专业医院的医学鉴定,人格障碍也不会改变，所以人格障碍者不是本书的受众。本书优化了医学上关于人格障碍的类型讲解，整理出了生活中常见的人格障碍类型和特征，没有从医学角度进行叙述，不能用作医学临床诊断依据。

3. 本书中除了我的亲身经历是照实叙述的，对于咨询者的案例，出于保密需要，我均使用了化名，也对案例内容做了一定的处理，意在帮助伙伴们理解人格障碍者的行为逻辑和思维方式。

4. 本书中很多代称以第三人称"他"来表述，不仅仅代表男性。

5. 本书中对较长的人格障碍者称呼用了简称，如"自恋型人格障碍者"简化为"自恋者"，"表演型人格障碍者"简化为"表演者"，等等。

6. 人格障碍者虽然在心理上和行为上十分异常，但不属于精神病患者，是否要为其行为承担法律责任，具体情况具体分析。

7. 本书的提到的"亲密关系"包括情侣关系、亲子关系、密友关系，不单指情侣关系。

目录 CONTENTS

1 你配得上我吗？
与自恋型人格障碍者的日常

与自恋型人格障碍者相处时的感受 / 2
为何沉迷于自恋型人格障碍者？ / 8
他是自恋型人格障碍者吗？ / 14
与自恋型人格障碍者相处的合适边界 / 29

2 你只能关注我！
与表演型人格障碍者的日常

与表演型人格障碍者相处时的感受 / 37
为何被表演型人格障碍者吸引 / 42
一眼看透表演型人格障碍者 / 47
与表演型人格障碍者相处的合适边界 / 59

3 你是不是想害我?
与偏执型人格障碍者的日常

与偏执型人格障碍者相处时的感受 / 66

为何被偏执型人格障碍者吸引? / 71

了解偏执型人格障碍者的特点 / 75

与偏执型人格障碍者相处的合适边界 / 86

4 你只是工具人!
与反社会型人格障碍者的日常

与反社会型人格障碍者相处时的感受 / 95

为何受困于反社会型人格障碍者 / 102

警惕身边的反社会型人格障碍者 / 107

与反社会型人格障碍者的合适边界 / 120

5 按照我的规矩来!
与强迫型人格障碍者的日常

与强迫型人格障碍者相处时的感受 / 126

为何受困于强迫型人格障碍者 / 133

常见的强迫型人格障碍者的特征 / 134

与强迫型人格障碍者相处的合适边界 / 145

6 没有你我活不下去！
与依赖型人格障碍者的日常

与依赖型人格障碍者相处时的感受 / 150

为何沉迷于依赖型人格障碍者 / 153

依赖型人格障碍者的特征 / 155

与依赖型人格障碍者相处的合适边界 / 163

7 别离我太近！
与回避型人格障碍者的日常

与回避型人格障碍者相处时的感受 / 170

为何被回避型人格障碍者吸引 / 172

他是回避型人格障碍者吗？ / 174

与回避型人格障碍者的相处边界 / 185

8 我恨你，但不许你离开我！
与边缘型人格障碍者的日常

与边缘型人格障碍者相处时的感受 / 192

为何被边缘型人格障碍者吸引 / 198

了解边缘型人格障碍者的特征 / 204

与边缘型人格障碍者相处的合适边界 / 214

9 矛盾、混乱、莫名其妙！
与分裂型人格障碍者的日常

与分裂型人格障碍者相处时的感受 / 224

分裂型人格障碍者的吸引力 / 226

分裂型人格障碍者的特征 / 228

与分裂型人格障碍者的合适边界 / 243

10 拒绝、无视、孤独！
与分裂样人格障碍者的日常

与分裂样人格障碍者相处时的感受 / 248

为何会被分裂样人格障碍者吸引 / 250

分裂样人格障碍者的特征 / 251

与分裂样人格障碍者的合适边界 / 256

11 摆脱隐性控制，找回自己的声音

学习梳理情绪 / 262

学会面对分离 / 267

练习自爱和自我支持 / 270

我是人格障碍者，我该怎么办？ / 273

如何为自己选择一个合适的心理咨询师 / 275

后记　关于如何看待人格障碍者 / 279

致谢 / 284

参考文献 / 287

1

你配得上我吗?

与自恋型人格障碍者的日常

How to
Get Rid of Implicit Control

"你长得好看吗?"

"你穿什么牌子的衣服?"

"你有房、有车吗?"

"你的家境如何?"

"你的名气和社会地位高吗?"

"想要成为我的伴侣或者朋友,你必须非常优秀、成功才行!"

诸如此类的物质、势利又刻薄的话语,你感到耳熟吗?生活中,如果我们面对一些人的时候,会因为自己的外形不够优越、衣服不够昂贵、经济不够宽裕或者社会地位不够高而感到莫名的羞愧、愤恨和自卑,那么我们大概率遇到了自恋型人格障碍者(本书中简称"自恋者"),因为这些肤浅、直观的外在价值是自恋者最为关注也唯一认可的价值。

与自恋型人格障碍者相处时的感受

若不幸与自恋者进入亲密关系、亲子关系或者朋友关系,他们在幻想自己非常优越或者完美的同时,还会不间断地打压、无视和控制我们……长此以往，自恋者一定会让我们身心俱损却一头雾水。

自恋者带来的身心消耗如同慢性疾病，往往等我们身心崩溃了才发现沉疴已久，难以根治。许多人在自恋者长期的打压和否定中认同了自恋者的贬损，被严重PUA（精神控制）而失去自我，最终导致自己的身心甚至财产都被自恋者掏空，陷入人生困境。而"重视和尊重自己的真实感受"是我们面对自恋者的精神虐待时必须做到的一点。

现在，请先跟随我来察觉和体验自恋者带来的五种常见感受。

◆ 自我否定

我们的文化鼓励"努力"，推崇天道酬勤，"越努力，越幸运"的逻辑也深受大众认可。我们大多数人都乐观地相信只要努力就能有所收获，这种"吃得苦中苦"的勤奋确实能给我们带来学业和工作上的进步，但是这个逻辑在与自恋者的相处中行不通。

在与自恋者相处的过程中，无论我们付出多少努力，自恋者都会像永不满足的黑洞，无情地索取我们所提供的价值并回馈消极的评价。比如孩子努力考到全班第一，自恋型父母会说"这不算什么，你应该做到年级第一"，等孩子努力考到年级第一，自恋型父母又会说"别太自满，年级第一大有人在"；为伴侣筹备好了晚餐，自恋型伴侣会更关注"为什么没有红酒"，等下次筹备晚餐时特意挑选好了红酒，自恋型伴侣又会嫌我们备的红酒不够名贵；去朋友家做客，自恋型朋友会一直提及其他更优秀的朋友做客时会带礼物，当我们下次前去做客时带礼物，自恋型朋友又会提及他更优秀的朋友的礼物多么特别；等等。

面对身边人频繁的苛责、抱怨和打压，我们容易产生自我怀疑，认为"一定是我做得不够好，才让对方不满和轻视我"，进而也许会采用"努力让自己更好来寻求认可""努力满足对方，让关系变得更好""努力让自己更加谨慎，不留话柄"等策略来缓解冲突，改善关系。然而，无论我们如何努力，都不会改变自恋者对待我们的方式，因为自恋者永不满足且无法取悦。

真相是，自恋者自大、自负、势利、虚荣，非常需要在各个关系中站在高位，因此他们很难给予身边人肯定、赞赏和感恩；自恋者对"特权感"有极端的需求，也让他们难以满足并知足。

真诚地给予他人肯定、赞赏或者感恩，这种行为本质上是愿意承认关系中的彼此是平等的，但自恋者极端地追求高人一等，无法接受自己在关系中与他人平等，所以不会给出真诚的肯定、赞美和感恩这类反馈。即便自恋者偶尔给予正面的反馈，也是利己的权宜之计，我们很快就会发现其言行不一的真相，其话里话外的赞赏中充满虚情假意。

自恋者总能找到"你不够好""我不满意"以及"需要对你指责和纠正"的事，我们可能需要通过频繁地向自恋者道歉，才能平息他莫名其妙的不满和怒火，换得一时的安宁。这样时刻防御、不敢放松的日子，谁又受得了呢？

即便我们了解对自恋者的很多消极反馈不必理会，但面对身边在意的人持续的打压、否定、冷漠无情、缺乏同理心和难以取悦，"自我怀疑""匮乏感"和"自卑"也会接踵而来，难以避免。消极情绪本就具有感染力，负面反馈也极具消耗性，我们无法在不健康的关系里获得健康的体验。

◆ 习得性无助

如果一个人经年累月地与自恋者相处，无意识或者被迫忍受无法逃避或无法改变的痛苦，即使到了可以摆脱自恋者的时候，他也会习惯性地困于其中，不愿改变，这就是心理学上所说的"习得性无助"现象，这也是许多与自恋者相处的受虐者即便痛苦不堪也不愿与之分开的原因之一。

习得性无助会让人陷入持久的麻木和抑郁，并相信无论做什么都无法改变痛苦的现状，最后陷入绝望。

在与自恋者的相处中，我们的心声不会被倾听，我们的意愿不会被尊重，我们对于关爱、理解、支持、肯定的需求难以被满足，也无法与对方建立深层的情感联结，那么我们就极容易进入习得性无助的绝望状态，将自己关进由自恋者圈定的精神监狱。无助和绝望也会让我们的身体和生活变得病态且消极，厌食、失眠、酗酒、工作失利等状况也都可能接踵而来。

◆ 抑郁

抑郁症是一种复杂的身心疾病，抑郁症患者难以产生愉悦感，缺乏价值感，内心充满压抑的愤恨以及内疚，进而会导致"恐惧社交""注意力难以集中""睡眠和食欲不规律"等连锁消极反应——这些行为也时常发生在与自恋者陷入情感困境的人身上。

抑郁往往缘于自身意愿难以表达、情绪难以释怀、需求难以满足以及习得性无助带来的绝望，如果不能及时得到科学的治疗，患上抑郁症的人容易越陷越深，拒绝寻求帮助，最终身心崩溃，甚至付出生命的代价。

如果努力尝试过所有应对自恋者的策略，发现其不可改变的真相，我们会感到受挫，万分沮丧，这种难以缓解的沮丧会诱发各种心理疾病。

◆ 焦虑

与自恋者相处，我们会感到自己做什么都有问题、都是错的，进而变得如履薄冰，随时会遭遇消极评价或者语言暴力，这会让我们感到焦虑、紧张，心如刀绞。

焦虑症与抑郁症有相似之处，如担忧、紧张、烦躁、疲惫、自我怀疑等心理反应，并且出现相应的躯体反应，如头痛、肌肉紧张，严重的焦虑症患者甚至会出现心慌气短、头晕目眩、惊恐发作等症状。当我们无法改善与自恋者相处的现状时，焦虑症的一些心理反应会持续加剧。

◆ 身心疲惫

与自恋者相处，我们的兴趣会时常被否定，我们的情感会时常被忽视，我们的意愿会时常被压制，我们的理想会时常被嘲笑……长期的不良情绪体验会让我们的身心精疲力竭，快感缺失，对生活中的大部分事物感到无力……我们的精神将越来越萎靡，生命力渐渐流失，我们会在很多事上疏忽、犯错，进入越犯错越逃避的恶性循环，直到彻底失去体验生活的欲望。

以上就是常见的与自恋者相处时逃不开的体验，自恋者往往会将身边人的身心逐步摧毁。

也许你会好奇，那些饱受伤害却执意留在自恋者身边的人是不是原本就有受虐倾向，或者本就喜欢或者认同痛苦的相处模式？其实不然。陷入与自恋者相处的困境的人，多半在很长的时间里都不明白自己经历了什么，即便花大量时间想弄明白自己的困惑，还是一无所获。

如果在相识初期，自恋者就把那些不良特质展现得淋漓尽致，我想，大部分人都能很快察觉到不对劲，及时与自恋者保持安全的距离。然而不幸的是，相识初期，自恋者身上散发的魅力往往让人难以抗拒。

为何沉迷于自恋型人格障碍者？

被自恋者控制的人也许常常扪心自问：我是怎么沦落至此的？我为什么不早点离开？我真的有那么糟吗？我真的是受虐倾向吗？……

没有必要为此悲观、沮丧，也无须过度自责，自恋者确实有魅力，也很会展示魅力，这些魅力非常具有迷惑性，很难让人看清其本质。

接下来我就介绍自恋者所具备的五种魅力，看看它们是如何让人快速着迷的。

◆ 仪表光鲜，性感惑人

被外表吸引是人类的生物本能，外表的优势是最快获得他人关注和认可的有效途径，视觉享受，谁不喜欢呢？

讲究的衣着、优美的身形、光滑的皮肤、精致的发型……即便不是天生丽质，自恋者也极善装扮，他们会不遗余力地让自己看起来气质出众、外形极佳，坚持自律、健身，甚至不惜整形、整容，以便快速地吸引他人的关注和青睐。如果自恋者天生丽质，那么他会更加肤浅、傲慢。

自恋者对他人的外形也会表现得苛刻、挑剔，他们对外形的追求主要源自内在的虚荣以及情感的肤浅，毕竟，如果一个人发现单靠外表就能快速轻松地左右逢源，收获关注和赞美，那么他可能就会倾向于不再另花时间充实内在。

外表动人确实是人们相识初期诱惑极大的一种魅力，大多数人都愿意承认自己被自恋者的光鲜外表深深吸引。

然而华丽的外表无法弥补自恋者内心贫瘠且冷酷的现实，在长久的相处过程中，自恋者外表的光彩会日渐褪色，受虐者也会慢慢陷入情感空虚带来的沮丧和绝望。

◆ 自信、热情，充满活力

自信和热情是非常有感染力的，当一个人对自己所追逐的目标充满热情时，确实会散发光芒。为达目的专注、上进的状态会让自恋者极具魅力。

然而人们常常会混淆真正的自信与自恋者表现出来的"自大"的区别。

真正的自信是确知自己的真实能力并且相信自己能达成符合现实的目标，即便未达成目标，也能坦然面对失败，不会妄自菲薄，且有勇气继续尝试。

而自恋者自大，无论自己能力如何，都不切实际地觉得自己"应该"达成宏大的目标，无法接受自己失败，因此自恋者追逐目标的过程往往不择手段。自恋者的"自信"往往是伪装的，他们隐藏自己"自尊脆弱"及"恐惧失败"这样的弱点，甚至不惜装腔作势、谎话连篇。

对达成自己的目标充满激情的人固然是有魅力的，但也要细心观察他的激情是否仅限于利己的目标、他是否能够坦然地接纳失败。

◆ 自律、上进，成绩突出

自恋者对外在价值以及高社会地位的极度渴望，能够让他们在追逐高位的过程中做到优于常人的自律，比如严格健身、严控饮食和日常保养以维持优越的外形，自律地学习、工作、实践以获得更高的权位等。自恋者对外在价值孜孜不倦的追求确实能够让他们获得更多的资源、机会和成就，这种上进也会让自恋者充满魅力。

即便自恋者没能通过自律、上进取得成就，他们也会信口开河，胡编乱造，他所展现出来的张扬气势也极具迷惑性。

人们偏向于对自律、上进的人产生好感与尊重，因为觉得自律、上进的人有能力，也有飞黄腾达的潜力。

◆ 资源丰富，财力雄厚

自恋者贪恋物质、势利、贪慕虚荣的特质会让他们在获取利益、积累财富方面手段狠辣，效率极高，又由于自恋者好斗的行为模式，不论是工作中的竞争还是生活中的博弈，他们极强的好胜心都能够让他们最大限度地获取利益。因此自恋者大多能够为自己谋取到丰富的资源和一定的财富。

极佳的物质条件也会让自恋者在婚恋市场很受欢迎，由于自恋者具备较高的外在价值，许多人容易被自恋者极好的物质条件以及看起来的高智商冲昏头脑，而忽略了观察对方人格方面是否健康。

◆ 能言善辩，才华横溢

能言善辩也是一种非常具有迷惑性的魅力，人们常常会误认为所有知识渊博、口若悬河、幽默风趣的人一定也善于沟通。

但事实是，沟通是一个"理解对方，也让对方理解自己"的平等对话的过程，而自恋者能言善辩只是他单向的表达，如同演讲一般，只允许他人听从，不允许他人反驳，他人永远无法真正参与与自恋者的对话。

结合自恋者通常表现出来的魅力，人们自然会认为自恋者才华横溢。我们容易对优秀、强大的人心生仰慕，仿佛拥有了这个人就拥有了某种特权，如获至宝。

当人们被自恋者的五种魅力迷惑得神魂颠倒的时候，人们根本意识不到什么样的危险即将逼近，即便与自恋者建立关系没多久，伤害和消耗就已经开始，人们往往仍像温水里的青蛙一般选择视而不见，不愿就此结束这段关系。

当然，一部分保有自我、自爱的人察觉到自恋者的问题时能够快速地清醒，与自恋者拉开距离，但大部分习得性无助者依旧长期留在自恋者身边，他们往往自身有问题需要解决，比如原生家庭有自恋者、赌性大、拯救欲强等。

◆ 原生家庭的局限

那些对自恋者深深依恋的受虐者，往往原生家庭父母中至少有

如何摆脱隐性控制

一方是自恋者，受虐者早已习惯了与自恋型父母相处，习惯了为自恋者提供支持，习惯了忍受自恋者的虐待，并且长期处在失去自我的状态，于是这类受虐者难以察觉自恋型伴侣的异常。

父母是自恋者的原生家庭还会给其子女带来一个致命的副产品，就是对自恋者的"心动反应"。

许多人恋爱、择偶"看感觉"，认为只有对一个人有"上头"的感觉才是"心动"。然而真相是，我们所谓的"上头"的化学反应实际上源于一种"熟悉感"，在我们年幼的时候，脑子里会产生一种叫作"潜意识铭刻"的现象，它是我们潜意识中的"早期性印象"，也形成了我们对"心动反应"对象的审美和生理偏好。

我们天生会喜欢带有熟悉感的东西，熟悉感让我们感到安全和依恋。那些成长在父母是自恋者的原生家庭的受虐者，多半只会对与自己的自恋型父母类似或者互补的自恋者产生熟悉感，比如自恋型父母总是打压孩子，孩子长大之后也会喜欢擅长打压的自恋者，或者会被完全忽略自己、不搭理自己的自恋者吸引，这就是这些受虐者难以结束与自恋者关系的原因，他们缺乏健康的熟悉感。

◆ **不确定性极具诱惑力**

赌性大的人容易被自恋者深深地吸引，因为自恋者极高的外在价值和自律、上进所带来的潜力会让受虐者觉得自己押到宝了，他们期望能够通过早期对自恋者投资情感和物质，换取与自恋者一同收获成功硕果的机会。

与自恋者相处风险极高,这种投资看似以小搏大,实际上稳赔不赚,自恋者不但会贪婪地索取受虐者的时间、情感和物质,还非常注重保护自己的利益并对他人保持防备。随着受虐者投入的时间、精力、情感和物质成本不断增加,及时止损和终止关系就变得更加困难。

自恋者还有一个较为致命的特征,那就是"时好时坏",好的时候热情无限,坏的时候冷漠无情,这种令人十分困惑的行为模式会激发受虐者的胜负欲,他们因为过度想要重温与自恋者的幸福时光而陷入不甘和执念,迷失自我。

◆ 拯救欲

自恋者擅长博取同情,这种特质也会让受虐者心生怜悯,自愿付出,甚至牺牲自我,以拯救自恋者,使其回到"正常"和"舒适"的状态。

在自恋者口中,他们往往有悲伤的过往,比如原生家庭的不幸、前任的伤害抑或追寻梦想过程中的重创,这类故事有的可能是真实发生过的,但自恋者反复提及多半只是为自己的过度索取、极端控制和自私自利找到合理的借口。

充满同情心和拯救欲的受虐者除了自身善良、体贴,也十分缺乏内在的自我价值感,所以才会以"拯救他人"的方式来反向建立自我价值感,以此觉得"自己很重要"。而"觉得自己对别人的影响很大""觉得自己能拯救他人"的思维模式本质上也是一种自恋的表现，这种自我价值感的匮乏正好与自恋者的强势索取模式互补，因此两者比较容易进入顽固的虐恋模式，受虐者难以走出被自恋者掏空的结局。直到受虐者幡然醒悟——自我价值不需要通过拯救他人来获得，才有可能走出与自恋者的病态关系，真正习得自尊和自爱。

他是自恋型人格障碍者吗？

　　自恋型人格障碍者善于伪装，会缓慢地对身边的人造成心理、身体乃至财产的耗损，等到受害者渐渐意识到问题的严重性时，通常为时已晚，损失巨大。

　　社会新闻里，被父母或者伴侣PUA到自杀的受害者不胜枚举，而那些善于PUA的加害者多半患有自恋型人格障碍。层出不穷的诈骗案中，很大一部分以情感诈骗为主的诈骗犯也是自恋者。有研究表明，许多青少年患上抑郁症或者双向情感障碍这类严重的身心疾病，出现高频率的轻生行为，就缘于其原生家庭的父母中至少有一方是自恋者，或者曾被患有自恋型人格障碍的同学或师长校园霸凌等。自恋者带来的伤害，往往让受害者如被温水煮的青蛙，等到意识到危险时已经难以逃生。

　　我根据《精神障碍诊断与统计手册》第五版（DSM-5）和自恋型人格障碍的相关心理学知识，结合我与自恋型人格障碍者交往的真实体验以及我的咨询者们与自恋者交往的真实经历分享，整理、总结出了自恋者最明显的十二个特征。

◆ 自大，自负，自命不凡

自大、自负是指一种倾向于夸大自己的成就、才能、人际关系和社会经验的行为表现。

"自恋"源自内在的自我认知障碍，自恋者往往过度认同名气、权力、金钱和地位的影响力，他们病态地坚信自己超乎寻常地重要、自己对外界的影响力超乎寻常地大、自己比任何人都要更尊贵，若没有得到他人的关注、赞扬和追捧，自恋者就会觉得自己没有价值。因此自恋者大多时候都会沉浸在自己功成名就的幻想里，并且深信不疑，在生活中也会表现出极好面子、讲排场的样子。

当然，也有很多自恋者真的在某些程度上取得了成功——真的发了财、出了名或者提升了社会地位等，那么这类自恋者的病态自恋和自我膨胀会更为严重。

"自命不凡"是自恋者自大、自负的延展。社会新闻里常常会有富二代或者官二代因违法犯罪而被抓捕的时候大放厥词，如"我爸是××"，或者在恋爱的过程中强势地宣称"你知道我是谁吗？追我的人个个都大有来头！"等，这都是典型的自命不凡的表现。

对于自恋者来说，无论是否具备狂妄的资本，他们都始终认为自己天然应该享受特殊的待遇，身边人都应该满足自己的一切需求，无论自己的需求是否合理，所以自恋者在生活中往往会表现得喜欢指使他人，难以以平等、尊重的方式与他人沟通。

如果自恋者遭受冷遇，或者需求未被满足，他们就会归因为"全是外界和他人的错，怠慢了尊贵的自己"，进而可能表现得愤怒、沮丧、抑郁甚至不知所措，并且会记仇很长时间。

如果一个人总爱把自己包装得优秀、成功或者总要求身边的人优秀、成功，这就是自恋者的一个明显的特征。

◆ 打压及否定

由于自恋者自大、自负，自命不凡，与自恋者相处，我们会觉得自己总是存在不足、不被尊重以及总是有错的。自恋者时常会表达"你这里不好，那里不对"：我们发一张美颜照片，他们会评价我们"不真实、很虚荣"；我们发一张真实的自拍照，他们会评价我们"长得丑就不要出来吓人"；我们考上了自己满意的普通大学，他们会轻蔑地说"只有世界排名前十的大学才值得去上"；我们找到了自己满意的工作，他们会不屑地说"这种工作只有你会满意"；等等。自恋者总能找到打击我们的角度，因为他们不允许身边的人在关系里比自己强。

与自恋者相处，我们常会感到自卑、困惑、压抑、空虚，但如果我们表达自己的不满，自恋者就会以各种方式表明一切都是我们的错。

"认知否定"是一种非常隐蔽的精神虐待，否认他人的情绪、意愿和感受，并消极评价他人，比如"太敏感""被害妄想""是疯子"……这也反映出了自恋者极端的控制欲,他们甚至想控制我们的思维方式,好让自己持续处于高位,是受追捧、敬仰的那一方。

认知否定会让我们深深地感到被否定、被孤立,最终产生自我怀疑。这种精神虐待方式如温水煮青蛙一般不易察觉、慢慢渗透,等我们反应过来,早已产生了习得性无助和心理创伤。

如果在交往过程中察觉到自己常常被打压、质疑和否定,你就要警觉,退一步冷静思考,忠于自己的意愿和认知。请注意,自恋者只看得见自己的感受和意愿,对客观现实和他人均是视而不见的,他们极端的控制欲也会最大限度地压制我们的真实意愿和情绪,损害我们的身心健康。

◆ 势利,物质,贪慕虚荣

直观的外在价值是自恋者最为关注也唯一认可的价值。

自恋者常常会打量我们的外在状态并发起攻击,比如:"连减肥都不成功你还能做成什么?""你为什么用这么便宜的护肤品?很廉价!""你的衣服是什么杂牌?看起来好没品位!""这么偏僻的地方怎么能住人!"等等。如果不具备自恋者认可的外在价值,那么自恋者的刻薄、贬低就很有可能会让我们感到无地自容。

当然,自恋者也有热情和气的时候,比如:"天啊,你背的是限量款包包吗?你太有品位了!""你家真豪华啊,谢谢款待!"或者:"你这么好看,说什么都对!"等等。如果我们具备自恋者认可的外在价值,那么我们会看到他们谄媚、热情的一面。

对于自恋者来说，与我们的任何联系和对我们的关心都是有条件的，衡量标准在于我们的外在价值是否达到他们愿意尊重的程度。若长期与自恋者相处，我们需要不断地通过满足自恋者对外在价值的索取以及给自恋者排场和面子来维持彼此脆弱的关系，我们可能要为了取悦自恋者而花很多钱。不论是处于亲子关系、亲密关系还是朋友关系，自恋者都会坚持自私和势利的原则，并且不会在乎因此给他人带来的伤害。

如果不以物化的方式衡量自我价值，自恋者是无法感知到自我价值的，于是他们投射出来的看待外界和他人的方式时常是捧高踩低，非常势利。

势利、追求物质和虚荣也常常会使自恋者面对自己所认为的"地位不足"的人时态度恶劣。自恋者常常对自认为的"低位者"随意指责或羞辱，比如在餐厅对待服务人员、在工作中对待职位比自己低的同事、在亲密关系中对待讨好自己的伴侣以及在亲子关系中对待孩子。

爱慕虚荣让自恋者喜欢哗众取宠，也将大把时间和精力花在健身房、整形医院和奢侈品店等加强外在价值的地方，他们对身边的人的外在价值也会表现出极高的期望，比如时常表达"做我的伴侣就必须是成功者""做我的孩子就必须考第一"或者"做我的朋友就必须有颜有钱"等。

观察一个人是否过度在意自己的外在条件、是否对别人的外在条件也百般挑剔，是判断其自恋程度的重要依据。

◆ 情感体验肤浅

"你觉得他什么特质最吸引你？你觉得自己什么特质最吸引他？"

我在梳理咨询者们情感困扰的过程中通常会问上面这样的问题，意在了解他们关于亲密关系的价值观。

自恋者的回答往往都十分肤浅，多以外在价值为主，比如"因为他好看""因为他有钱""因为他的才能和名气"，等等，而关于对方的性格特质、真实经历、人格状态、情感模式等一概不了解，甚至连相恋多年的伴侣的原生家庭信息也一无所知，更不曾关心。所以自恋者的爱情模式多是肤浅的"一见钟情"和"闪婚"，往往轰轰烈烈地开始，不久便兴趣索然。而自恋者前来咨询通常不是为了学习平等地沟通和相处、与另一半建立深层的情感联结，多是咨询如何能够在与伴侣的情感博弈中获得胜利，站在高位，以此索取更多的价值，推卸自身在关系中需要承担的责任。若与自恋者继续探索情感、性格、情绪层面的问题，他们通常会表现得不感兴趣、难以理解且缺乏耐心。

自恋者情感体验肤浅会导致自恋者的爱有形无质，热恋时轰轰烈烈，很快便会陷入空虚。当我们想与自恋者深入地发展情感关系时，往往会发现他们外表光鲜靓丽而内里一无所有，这会让我们备感孤独。

自恋者无法与他人建立深层的情感联结，当我们符合他们认同的外在价值条件时，他们会把我们留在身边并想尽办法索取这些外在价值，而当我们失去他们认同的外在价值，或者不愿与自恋者分享自己的外在价值时，他们会很快翻脸无情。

◆ 缺乏同理心

缺乏同理心的人难以识别和理解他人的情绪，也难以认同或认可他人的经历和感受，更难以意识到自己的行为对他人造成的影响。

同理心正常的人能够很好地识别和理解自己与他人的情绪，比如：看到别人难过时，我们也会感到悲伤；看到别人开心时，我们也会被感染，觉得喜悦；等等。人类是群居动物，这种换位思考、将心比心的能力是我们脑部神经系统的正常反应，也是我们与他人建立情感联结所需的关键能力，而自恋者缺乏这种情感联结能力，他们只在乎自己的感受和情绪。

我深刻地记得自己曾与一个自恋者交往的痛苦体验。

上大学时，我和室友小美约好周末一起逛街。我在路上晕车了，下车之后在路边吐了。当时小美站在我旁边，没有关心我，也没有照顾我，而是一直抱怨："你吐成这个样子我都没心情逛街了。""你连车都不会坐，看来是没有过奢华日子的命了，真low（低级，廉价）。"等等。小美的刻薄让我感到无比震惊也非常无助，我在路边吐完，独自拖着狼狈的身子去便利店买了矿泉水和纸巾，坐在店里休息了一会儿。我出便利店的时候，小美已经离开，只给我发了条短信："被你害得不太开心，我先回去了。"

当时我有些崩溃，在路边蒙了好久，即便时隔多年，那个周末的体验对我来说依然很糟！我记得，当我拖着疲惫的身子强忍难受回到学校宿舍，还没来得及表态，小美就先发起了攻击，表明她周末的心情都被我破坏了，并表示之后不想再跟我逛街……小美全然不关心我当下身体的痛苦和心情，只觉得我晕车破坏了她逛街的心情，她还明确地表达因为我晕车而"没有过奢华日子的命""很low"，全面地否定了我的情绪和自尊。

通常情况下，自恋者在人际交往的过程中不会关心或理解他人的感受，与人交往时高傲、冷漠、粗心大意，言语常常尖酸、刻薄、冷嘲热讽，并且无视自己的言行对他人造成的伤害。

如果感到不开心，那么自恋者会觉得所有人都应该和自己一样不开心，他们也许会攻击那个在他们心情不悦的时候刚好有开心情绪的人；如果自恋者心情愉悦，而身旁的人正因为某件事感到难过，就会被自恋者指责为"破坏心情""很烦人"等。自恋者从不主动理解他人，但往往会强势地要求他人理解和满足自己，这会给自恋者身边的人带来难以舒缓的压抑和委屈。

自恋者没有感受到的情绪或者不认可的价值对他们来说就是不重要的。对于自恋者来说，"他人"仿佛是提供随时用来满足自己各种需求的"物品"，只有需要用到时、有他们认可的外在价值时，"他人"才有存在的意义，至于"他人"的真实意愿和感受，自恋者会无视。

因为自恋者缺乏同理心，所以无论我们用多少办法试图与自恋者达成理解都是徒劳，他们无法尊重和共情我们的真情实感。但如果自恋者自己有需要吐槽的事或者长篇大论的看法，他们就会不分场合地直接找我们倾吐，也不会考虑我们的时间是否方便，更不会考虑我们的感受及意愿。

自恋者在与他人交往初期缺乏同理心最明显的表现是，在他人倾诉心事的时候哈欠连天、漫不经心地东张西望、心不在焉地玩手机或者干脆说他有事要忙，回头再说，然后不了了之。

◆ 缺乏良知和自省能力

缺乏良知和自省能力说明这个人不论做了多么邪恶的事情，都不会感到愧疚，也不会觉得自己有任何问题。这是一个非常危险的信号，前期与这类人相处时不易察觉，因为交往之初，自恋者会克制自己的不良言行，模仿绅士或者淑女的礼仪。

如果一个人在叙述自己的经历或者吐槽自己生活中的困扰时将一切都归因为外界和他人，认定自己是受害者，自己没有任何问题，这就表明他不具备基础的自省能力，这也说明这个人缺乏同理心，无法感知到自己的行为给他人带来的影响，一切只按照自己的喜恶和意愿，并且无视客观现实，自然不会有愧疚和悔过之意。这是一个非常明显的问题人格者的表现，尤其是自恋型人格障碍者。在与自恋者相处的过程中，不论双方发生了什么冲突，自恋者都会坚定地指责"都是你的错"，而且自恋者是真的坚信"都是你的错"。

自恋者无法正确认知自我，如果与其发生冲突，他们会将自己的过错和行为全部归咎于他人，比如指责"你是一个自负、自大、爱慕虚荣、缺乏同理心和自省力的人"，他们坚定地认为他人才是自恋者。

1 你配得上我吗？与自恋型人格障碍者的日常

◆ 控制欲极强

也正由于自恋者存在自我认知障碍，外界反馈的好坏会直接影响自恋者对自我价值的认知，所以自恋者对外界和他人的控制欲极其强烈。自恋者会极端地需要外界符合自己的主观愿望，好让自己感到优越、非凡，进而忽略他人的意愿，无视他人的拒绝，压制他人的情绪，等等。

在我做线上咨询的过程中，曾有一位深陷抑郁以及厌学情绪的咨询者，名叫小玉。小玉的妈妈带她一起与我在线视频咨询，咨询的过程因为小玉妈妈强烈的控制欲而阻碍重重。

咨询一开始，小玉就哭着说："我因为焦虑失眠了很久，没办法专注地看书，我觉得高考的压力太大了。前几天小考的时候我紧张得吐了，然后被老师带到校医务室——"

"这有什么好紧张的！大家都在考试，就你花样多！为什么别人都能顶得住压力，你就不行？！"没等小玉把话说完，她的妈妈就开始生气地指责小玉。随后，她妈妈提高了声调，对我说："我和孩子她爸都是高才生，我们的孩子怎么可能考不上重点大学？！对高考这点事怕成这样，真是令我们失望透顶。小芮，你快教教我孩子如何坚强、勇敢一点！"

短短几分钟，我就清楚小玉的抑郁症多半缘于她强势的母亲，这位母亲在孩子表达内心真实的痛苦情绪的时候第一时间打断了孩子的表达，否定了孩子的情绪，消极地评价孩子的真实情绪为"花样多"和"抗压能力不行"，并且无视孩子在考试过程中的生理异

如何摆脱隐性控制

常以及生命安全，企图用自己"理想的孩子"取代"现实的孩子"，表明"我的孩子应该和我一样也应该是高才生"。这位母亲联系我，不是为了倾听孩子的内心、舒缓孩子的情绪以及解决孩子遇到的问题，而是企图通过控制我来控制她的孩子以符合她的主观期待，好像自己的孩子若不能符合自己的期待就不配存在一样，无视孩子作为独立生命个体的意愿、权利和自由……

视频另一端的小玉已经泣不成声，低着头，表现出了焦虑、委屈和恐惧，而她妈妈并没有察觉和理会，依旧在自说自话，指责孩子"不争气"。我随即向小玉的妈妈表示，目前的情况不适合三个人一起对话，请小玉的妈妈先让小玉跟我沟通。

小玉的妈妈离开后，我才得以耐心地倾听完整小玉的真实情绪和内心的困扰，为她梳理情绪、探索她的需求并帮助她重建自我。

如我所料，小玉抑郁主要缘于她控制欲极强的妈妈，只要小玉不符合她妈妈的期待，就会遭受她妈妈猛烈的攻击，长久的语言暴力和身体暴力让小玉无比压抑且无助，也给小玉造成了严重的心理创伤，她无法承受因没有考好而要面临的父母的严厉惩罚，最后对考试产生了严重的恐惧和生理抵触，也患上了抑郁症。

孩子有心理疾病，真正病态的通常是父母。小玉妈妈的言行反映出她非常自恋。然而，自恋者缺乏同理心的特质会让他们难以自省，不认为自己有任何问题，所以自恋型父母通常难以改变，孩子在成年离家之前所遭受的身心虐待难以避免，令人惋惜。

好在小玉的妈妈愿意带小玉做线上和线下心理类的咨询，我也

1 你配得上我吗？与自恋型人格障碍者的日常

尽力在有限的咨询时间里陪伴小玉化解来自父母的心理创伤，练习自我保护。

通常在交往初期，自恋者就会从情感上对身边的人进行操控，最常用的手段就是打压、道德绑架和博取同情，比如"我希望你变得优秀""别人家的孩子不会像你这么不乖，我都要被你气得心脏病发""你给我的压力真的太大了，所以才情绪失控，你要理解我""如果不是因为太在乎你，我也不会监控你"，等等。自恋者擅于扭曲事实，为达目的不择手段，会让我们不知不觉中陷入以他们的需求和意愿为主的交往模式，让我们感到困惑、委屈且压抑。

留心身边人对日常事务的控制欲，如果发现有人认定一切都需要以他的意愿和他的需求最大化为主，且不达目的誓不罢休，那么你就要注意，权衡自己与这个人交往中的付出，不要一味迎合自恋者的索取。

◆ 急躁易怒，情绪无常

外界和他人的客观发展不会听从我们的主观意愿，我们根本控制不了外界和他人。对外控制欲极强的自恋者经常体验到失控带来的无助和愤怒，这也是自恋者情绪无常的主要原因。

再看看小玉的例子，无论小玉的妈妈使用何种方法试图将孩子变成自己期待的样子，小玉都有各种方式拒绝控制，抑郁症也是其中一种即使自伤也不愿受控的抵抗方式，小玉的妈妈气急败坏地攻击、指责小玉，正是因为发现自己控制不了小玉使其符合自己的期待而产生的失控反应。

自恋者失控的愤怒不同于正常的愤怒,这种失控的愤怒是一种持续的、经常性、破坏性的愤怒。现实的失控反应持续存在,自恋者的愤怒便难以平息。自恋者缺乏自省和现实适应性,所以他们的失控反应常常会升级成语言暴力或者行为暴力,比如大喊大叫、侮辱、谩骂、扔东西、拳打脚踢,等等。他们通过威胁或者暴力的方式宣泄失控的愤怒并企图找回控制感,企图让被攻击者顺从、受控,满足自己的期待。这也是大多数自恋者伴随有暴力倾向的原因。

一个人愤怒的诱因是什么、是否常把自己情绪不良的责任归咎于外界和他人,也是判断一个人人格是否存在障碍的重要依据。

◆ 敏感、多疑

由于自恋者是极端的利己主义者,时常物化、功利地看待他人,所以自恋者看待他人的方式也充满了敌意、怀疑和防备。自恋者始终坚定地怀疑他人心术不正、想算计和利用自己,如同自己对待他人一样。

自恋者总是神神秘秘,对自己的隐私充满防备,但会全面地监控伴侣或者孩子的消息和行程,偷看日记、翻查通讯录、偷装监控甚至偷偷跟踪伴侣或孩子都是自恋者常常会做的事。

自恋者如此监控身边的人,并不是出于关心。其实自恋者对他人的日常毫不在意,但对他人对自己的反应异常敏感,如果自恋者觉得我们没有给予他们特权般的优待或者我们向别人吐槽过他们的不是,他们就会将其视为人身攻击和侮辱，并长久记仇，伺机报复。

自恋者匮乏的内在和脆弱的自尊让他们坚信世界上只有两种人：崇拜他们的愚蠢讨好者和算计他们的恶毒坏人。如果发现我们的聪慧、才能和成就，自恋者并不会更加欣赏、热爱我们，只会更加防备和打压，把我们归为"对自己地位有威胁的敌人"。

◆ 善妒，十分好斗

自恋者善妒、好斗，也是由敏感多疑发展而来的。

由于总是充满敌意地看待外界，总渴望站在高位获得特权，所以自恋者缺乏与他人平等合作的能力。自恋者大多竞争意识极强，并会对他人的成就充满妒忌，表现出攻击性，即便是伴侣获得成就也不例外，因为他们坚定地认为：如果自己的优秀和特权被更优秀的人盖过，就是对自我价值的终极否定。所以他们几乎难以忍受伴侣获得成就或者比自己优秀，会把伴侣的优秀也视作威胁，"害"自己处在低位。也因为自恋者善妒，所以他们对关系中另一方的诋毁、打压、贬低甚至毁谤几乎永不间断。

许多人误以为自恋者敏感、善妒是因为其在乎自己、太喜欢自己，而忽略了自恋者关注的只有他们自己那觉得处处是威胁的脆弱自尊。

自恋者常常会莫名地指责伴侣不忠，但往往他们才是不忠的那个，并且并不在乎自己不忠给伴侣造成的伤害。对大部分自恋者来说，出轨多个对象也是自己的特权和魅力的展现，他们需要很多的崇拜、赞美和关注来滋养内在脆弱、外在膨胀的自我。

如果你的伴侣善妒，可能不是因为对方过度爱你，而是对方人格失调的表现。

◆ 谎话连篇

他人的仰慕和赞美是自恋者内在的核心动力，也是自恋者感知自我价值的唯一途径，所以大多数自恋者都会夸张地塑造一个虚假、优秀甚至完美的自我形象。自恋者为了满足自己的虚荣，几乎可以无所不用其极，这也是他们撒谎成性的主要动因，为了维护自己的面子、摆脱困境、免受指责、免担责任，自恋者什么谎言都能捏造。许多严重的病态自恋者甚至可以经过测谎仪的考验，骗得连自己都信了。

长期与自恋者相处，我们对事物的认知会受到错误的引导。

◆ 害怕独处且情感不忠

由于自恋者时刻需要外界的反馈来感知自我价值，独处对自恋者来说就意味着空虚、无价值感，也正是因为害怕独处，自恋者往往渴望大量的关注和赞美来维护自我，那么人际交往中边界模糊、建立多样的情感关系对自恋者来说便不可或缺。

以上所列的是自恋者较为明显的特征，不作为医学诊断的依据，我只是为了帮助大家了解自恋者的特质和行为模式，尽量敏锐地识别自恋者，规避与自恋者长久相处造成身心消耗的危险。

如果发现身边的人只是具备上述的三个或不足三个特征，并且是偶发情况，且具备基础的同理心和自省能力，那么这个人不属于自恋者。我们成长过程中多多少少都会有自恋和控制欲强的表现，毕竟人无完人。但是，如果一个人具备上述自恋者的特征超过三个以上，且行为模式持续、稳定且顽固，并且缺乏基础的同理心和自省能力，那么这个人大概率就是一个自恋型人格障碍者。

与自恋型人格障碍者相处的合适边界

健康的关系是双向平等的，而不是像与自恋者相处时这样，一方永不满足地索取，另一方被迫牺牲和付出。本质上，与自恋者只能建立病态的奴役关系。

希望本章能够帮助你了解自恋者、识别自恋者，以便你能够做出明智的选择，开启真正健康、滋养身心的生活。

如果你在与他人接触的早期就能够敏锐地识别对方是自恋者，就可以尽力避免与其进入更亲密的关系，甚至可以避免与其在生活中有过多的交集，也就实实在在地避免了一场身心灾难。

如果你在与自恋者相处多年之后才明白对方有人格障碍，发现自己损失惨重，也别灰心丧气，你依然能够勇敢地离开，重新开始，找回属于自己的幸福生活。

如何摆脱隐性控制

当然，离开自恋者并不容易，长期被自恋者打压和否定的体验会让失去部分自我的受虐者产生习得性无助，面对分离和孤独更加恐惧。感受到受虐者想分离的意愿，控制欲极强的自恋者也不太可能爽快地答应，他们多半会软硬兼施，希望受虐者与自己复合，企图恢复对受虐者的控制。很多时候，身心虐待关系会比健康、幸福的关系更难以剪断。

如果选择离开，受虐者需要做好实际和心理两方面的准备，可以参考以下五种做法。

（1）停止认同和牺牲。

看到这里，相信你已经了解自恋者的内在逻辑，你可以尝试开始做一些与自恋者关系分离的准备和练习。

一是停止认同自恋者的打压、挑剌和贬低。面对自恋者有意无意的指责，明确地回应："我不这么认为。"或者借故离开你们的共同空间一会儿，不对他们的打压给予任何回应。最重要的是，明白自恋者的打压缘于他们的人格障碍，而不是你真的有问题，要从心里不认同、不在意自恋者的打压。

二是不再牺牲自己的意愿来满足自恋者的需求。请尝试把自己的意愿放在首位，指望自恋者尊重我们的意愿是不现实的，在满足我们自己的需求之前，不用管自恋者的需求。这个过程中，自恋者可能会加强指责和攻击，请理解这是他们的行为习惯使然，允许他们指责和攻击，依然不予回应，不再给予，表示拒绝。

如果与自恋者处于朋友关系或者恋爱期，你就发现对方患有自恋型人格障碍，那么你无疑是幸运的。接下来的日子里，请慢慢减少对自恋者的关注和联系，不再迎合自恋者，也停止牺牲自己，冷淡地与自恋者交往，这样一来，自恋者"被钦佩""被赞美"以及"虚荣"的需求难以满足，他们自己就会去别处寻求，你就可以慢慢地从这段关系中抽身。

（2）将自己的真实情况告知信任的家人和朋友。

与身边人分享自己受虐或者痛苦的体验、承认自己遇人不淑确实需要勇气，如果你决定离开自恋者，就要放下面子，与信任的人如实地分享苦衷，以便在与自恋者分离的过程中获得支持，有一个安全的容身之所。这样即便自恋者面对分离时失控攻击你或者倒打你一耙，将所有错误全部归咎于你，你也不至于孤立无援。

严重的病态自恋者面对受虐者的离开，还有可能会骚扰受虐者的家人和朋友，在决定离开自恋者前与家人和朋友沟通也能让他们有一个心理准备和安全防备。

（3）更改能够与自恋者建立联系的空间、信息以及物件。

如果决定与自恋者分离，断联和不予回应是最好的策略，你的离开会让自恋者感到失控，你的任何回应（包括向自恋者吐槽、与其争执、辩论等）都是"联系"的回应，他们会想尽办法拉回对你的控制，使你陷入与他们牵扯不清的困境。

如果你遇到的自恋者病态自恋的程度严重，对方可能还会出现威胁或者暴力行为，那么搬家和更换通信设备也是很有必要的，如果双方有共同财产，也请你提前更换密码，确保人身和财产的安全。

（4）在社交媒体上谨言慎行。

自恋者内在的自我意识是偏颇的，所以他们极其在乎外在的面子，为了面子，可以不惜任何代价。非必要情况，先不要在你们的社交圈或者网上声张，如果你逞一时之快，曝光自恋者所有的恶劣行径，这也可能会让你置身险境。自恋者为了维护面子，很可能会想方设法反击你，最常见的方式是运用法律武器告你侵犯名誉权或者毁谤。尽管你发布的描述自恋者的内容多是事实，自恋者也不会承认，更不会放过你。

如果自恋者与你产生的冲突已经影响到你的名誉或者身心安全，你所收集的证据会在司法机关发挥效用。如果自恋者在网络上对你发起攻击，你所准备的"证据"也可用于新闻曝光，也就是说，如果有必要，需要用曝光自恋者的行径来做自我保护。

（5）接受心理咨询或治疗。

无论是离开自恋型伴侣还是走出自恋型父母带来的心理阴影，心理治疗对受虐者治愈身心创伤都非常重要。

即便你坚定地离开，承受住了自恋者的虚伪求和或者凶狠威胁、你自己的分离焦虑，你也需要很长的时间来疗愈自恋者带给你的心理创伤，重建自我和自爱。别太担心，意识到自恋者的问题，认清对方是自恋者这一残酷现实，勇敢地离开消耗自己的关系，这本就是一个很好的开始，你已经为找回自我和自爱迈出了勇敢的一步。

具体的走出创伤的策略，我会在本书的末章详尽地分享。

值得一提的是，如果是自恋者提出分手或者断绝关系，那对你来说非常幸运，你只管爽快地答应，果断地开启新的生活。自恋者可能依然会在与你分离之后抹黑你，扮演受害者以维护自己的形象，请再次意识到，离开自恋者、与自恋者减少交集本就是一种幸运，如果可以，不要对分离后自恋者的背后诋毁做出回应，任何回应都只会让双方的虐待关系持续牵扯不清。

不关注、不回应、不联系、不交集，就是与自恋者分离最有效的策略。

如果你选择继续留在自恋者身边，那么你需要适应残酷的现实。

仍有很多人会以各种理由留在自恋者身边，比如孩子、财产、恐惧、观念、习得性无助等，有人甚至继续爱着自恋者。

如果暂时无法离开自恋者，那也情有可原，我也提供一些能够将伤害降到最低的相处策略，仅供参考。

（1）放下期待。

自恋者是极难改变的，如果你选择继续留在自恋者身边，只能适应和接受自恋者的种种真相，不再期待平等、尊重的爱，而是接受无尽的低位和孤独。

（2）习惯牺牲与付出。

自恋者永不满足，对物质和精神无尽地索取。如果你选择继续留在自恋者身边，就需要将自恋者的所有需求放在第一位，并尽力满足，并频繁地给予自恋者高度的赞美和仰慕，以维持自恋者的情绪稳定。

（3）受控。

将控制权让给自恋者，表现得听话、顺从，这样能够得到自恋者一定程度的青睐，以继续维持与自恋者的病态关系。

（4）放弃与自恋者分享的欲望。

如果你依然想与自恋者继续相处，就别再与自恋者分享自己的情绪、感受、日常。你与自恋者分享收获的成就和快乐，会让自恋者心理失衡，出现攻击行为；若你与自恋者分享痛苦和悲伤，会遭受自恋者的万分嫌弃；若你在生活中遇到了麻烦并且妨碍到自恋者，自恋者会第一时间责怪、攻击你……这些日常的分享非但不能让你得到情感上的支持，还会让你承受双重的打击。

如果想要分享日常，你可以选择信任的家人和朋友，一样能够收获支持。

（5）放下拯救自恋者的幻想。

自恋者难以改变，更不会为受虐者改变，就如同奴隶主不会为了奴隶放弃权力一样。受虐者需要时刻提醒自己"我的价值不由自恋者定义""我拯救不了自恋者"，时刻提醒自己不要去认同自恋者的打压和操控，坚定保持自我，也放下自己能够改变自恋者的幻想。

与自恋者相处就像牙疼，除了拔掉，你无法通过逃避或者任其发展来根治，牙疼也会时刻让你体验到你正在经受痛苦，唯有恢复清醒，才能开启自救。

2

你只能关注我!

与表演型人格障碍者的日常

How to
Get Rid of Implicit Control

"街坊邻居快来看看，我家孩子有多不听话啊！有这样的孩子真是家门不幸啊！"

"我真的好惨啊，遇到你这样的对象！我的眼泪已经流干了！我觉得我整个生命都暗淡无光了！"

"那个网红明星我最熟了，他的秘密我都知道！我们一起吃过饭，他都要跪下认我做大哥！"

你有"戏精"一般的父母、伴侣或者朋友吗？他们时而是委屈到让六月飞雪的"小白菜"，时而是《泰坦尼克号》里为爱牺牲的杰克，时而是在《肖申克的救赎》里在雨中咆哮的安迪，时而是黑化的"钮祜禄·甄嬛"……他们一会儿文艺、矫情，一会儿又变成都市丽人，一会儿又和你上演阖家欢，让你震惊又困惑。

一开始接触这类"人来疯"的"戏精"，也许会让你印象深刻，觉得他们热情、有趣，但如果与他们深入地接触，你就会被他们无尽的虚假表演、极不稳定的情绪和毫无征兆的攻击和背叛消耗得信任崩塌、身心俱损，甚至产生社交恐惧，而这类"戏精"就是生活中常见且危险的人格障碍者——表演型人格障碍者。

与表演型人格障碍者相处时的感受

表演型人格又名"求关注型人格""癔症型人格"以及"心理幼稚型人格",这类人格障碍者活在自己不切实际的幻想舞台上,这种脱离现实、沉浸于幻想以及过度表演的状态会让他们身边的人长期被虚情假意迷惑,难以感知真实,最后出现下述六类身心问题。

◆ 困惑

"到底哪个才是真实的他?他承诺的事还算数吗?我们到底是不是恋人?他为什么做了那么多背叛我的事,却在我的面前一脸无辜……"

线上情感咨询者小兔向我倾诉了她的痛苦和困惑,她正为自己的男友阿鱼的劈腿行为而烦恼。

小兔描述道:"我的男友阿鱼对我挺好的,他是一个温柔、体贴并且浪漫的弟弟,时常手捧鲜花向我表达我是他的唯一,我一直觉得我们恋情很稳定,也很幸福。

"然而,前几天我刷微博的时候,惊讶地发现他的前女友在社交媒体上发布了最近和他一起去旅行的亲密合照。我赶紧去向阿鱼询问他和前女友的情况,怎料阿鱼说我才是第三者,他和他的'前女友'一直没有分手,他没有告诉我是怕伤害我,也害怕他'前女友'不高兴。他的回答让我十分震惊。我表达,他只能选我们中的一个好好在一起。想不到他为此勃然大怒,指责我管得他喘不过气来，激动地说，为了我和他的'前女友'，他承受了非常大的压力，做出了极大的牺牲，就像把自己的灵魂出卖给了恶魔。他还表示他没办法和我们两个分开，无法选择，还质问我为什么不体谅他。然后他就把我拉黑了。

"这一切发生得非常突然，我不明白为什么会这样，不明白我做错了什么让他如此愤怒。

"过了几天，他又联系我，好像什么都没有发生过一样，跟我约定一起度假，还送我情人节礼物，关心我的日常起居，陪我聊天……我好奇地联系了他的'前女友'，他的'前女友'回复说他们依然是恋爱状态。阿鱼的'前女友'并不知道我和阿鱼已经交往半年了。"

说到这里，小兔困惑地问我："我在想，阿鱼是不是人格分裂？我无法理解。"

我告诉小兔，阿鱼不是人格分裂，而是"表演型人格障碍者"（书中简称"表演者"）。

阿鱼在他"前女友"那边是一个成熟、照顾人的哥哥，在小兔这边是一个体贴、浪漫的弟弟，这两个角色对于阿鱼来说都是真实的，在他看来，两个角色都是独立存在的，剧本也不同，相互之间不需要承担责任。所以阿鱼很可能无法理解小兔对于阿鱼劈腿这件事所受到的伤害。

阿鱼的愤怒缘于他觉得小兔没有做好观众的角色，配合他完成他和小兔的这场"姐弟恋剧情"，于是阿鱼愤怒地独自埋怨了小兔几天。之后，调整好状态的阿鱼回到小兔的"姐弟恋剧本"，就又重新开始表演。阿鱼意识不到自己的行为前后矛盾，所以自然也不会觉得自己有任何问题，于是表现出"好像什么都没发过一样"。

这就是表演者最让人困惑的地方，他们无时无刻不在不同的剧本和角色里穿梭，他们自己也不知道哪个是真的自己，也不清楚自己真实的情绪和意愿到底是什么，若与长期他们相处，我们就会持续地体验到他们透露的信息和行为逻辑是混乱的、无章法的，我们永远无法获得一个稳定、确定的答案。而这种无法解开的困惑必然会导致焦虑和压抑，我们始终不明白表演者是什么意思、彼此之间发生了什么、他们那些夸张的情绪是为何而来……我们也无法和表演者沟通清楚他们发生了什么，因为过一会儿他们的剧本和角色就变了。

◆ 信任崩塌

我们往往能在聚会或者自媒体平台结识最会活跃气氛、开朗有趣又热情主动的表演者。他们会热情地表达：他们愿意和我们做最亲密的朋友或者恋人，他们和我们同样讨厌聚会里那个红头发的男孩，他们完全理解我们当下所有的情绪和观点……

如果对表演者的行为逻辑缺乏认知，我们可能很容易相信彼此将建立"瓷实"的关系，可能也会天真地认为，自己对他们来说是最特别的存在。我们也许会毫无防备地与表演者互诉衷肠，告诉他们我们内心深处的秘密，真诚地让他们走进自己的生活圈子……

然而，没过多久，我们就会发现，我们向他们倾诉的秘密会在下一次我们的圈子聚会里尽人皆知。为了结识我们圈子里的"新朋友"，表演者可能会刻意与我们圈子里的人表现出与我们熟络，把我们心底的秘密当成社交货币和谈资与圈子里的朋友分享，以获得他们的关注，这将会导致我们信任的崩塌和对朋友关系的失望。

更棘手的情况是，面对我们的伴侣时，那个与我们意气相投的表演者会无所顾忌地向我们的伴侣展露自己的性感和魅惑，发生过度亲密的接触，这可能又会带给我们被冒犯的感受。

我们可能还会在某天惊奇地发现，我们结交的表演者和那位曾被吐槽的"红头发男孩"竟然是"朋友"，并且这个"红头发男孩"已经知道我们对他的攻击和评价，因此展露出了敌意和恶意……

或者我们会发现有表演型人格障碍的伴侣当初所做的海誓山盟与冲动、浪漫的事转眼间如云烟般消散，他们再也不会关注我们的日常、履行他们的诺言……

表演者脱离现实的沉浸式表演、病态渴望关注的行为逻辑必然会在关系里反复地上演，深陷其中的人也会体验到无尽的失望与伤害。

◆ **缺乏安全感**

长期陷于不真诚的关系，我们的身心会出现问题。

表演者由于长期背离真实，只活在幻想剧场里，必然会在关系中带给我们长期的虚假体验，我们的真情实感也会长期被忽略。

当我们对亲密关系的另一方失去信任，我们的安全感也会随之变弱甚至消失，我们会体验到无法言说的痛苦和无奈。

◆ **人际关系紧张**

如果你曾错信过表演者，将你的所有秘密分享给他，那么很快你就会迎来"社会性死亡"，他会在下一个剧本、下一次表演中毫无顾忌地出卖你的秘密。

如果我们与表演者进入亲密关系或者朋友关系，那么当彼此发生冲突时，他们大概率会上演被辜负、被虐待或者被伤害的戏码，逢人就声情并茂地数落我们的不是，捏造彼此相处的种种，只为了收获更多人的关注和支持。而我们将百口莫辩，承受人际关系紧张甚至舆论暴力带来的压力。

◆ **社交恐惧**

由于与表演者相处时会逐一体验被出卖、被背叛、信任崩塌、社会性死亡和人际紧张等消极体验，甚至会经历众叛亲离和网络暴力，假以时日，我们便有可能会产生一定程度的社交恐惧，社交能力也会变弱，心理变得脆弱、敏感，甚至回避社交。

◆ **身心疲惫**

长期的困惑、压抑、失望、悲伤、人际关系紧张、信任崩塌以及社交恐惧会严重消耗我们的身心，让我们变得多疑、敏感、身心疲惫，更容易患上各类身心疾病。

与自恋者带给我们的持续"自我怀疑"的身心疲惫不同，表演者往往会带来更多外界的敌意和攻击，使我们名誉受损，失去支持。

表演者极易失控的情绪也会给受虐者带来心理创伤，由于他们内心戏丰富，发生冲突的时候往往蛮想蛮干，按照自己脑补的情绪攻击或者伤害受虐者，由于他们缺乏同理心，双方难以达成沟通和理解，受虐者将持续陷于委屈无法言说的焦虑和精疲力竭。

了解了这些，你是否察觉到表演者的面具后面隐藏着可怕的恶魔呢？你是否会好奇当初究竟是怎么被这些"戏精"和"作精"深深吸引，一步步深陷其中，最后彻底崩溃的呢？

为何被表演型人格障碍者吸引

表演者往往在社交圈充满魅力，他们仪表光鲜，性感惑人，热情，有趣且古灵精怪……总之，他们多半会让我们印象深刻。

由于爱演、爱表现，表演者可能真的会像电影《大话西游》里的至尊宝一样"踩着七色云彩"来追求"紫霞仙子"——你，比如在演出的舞台上对你大声告白、在大雨中冲到你家楼下为你唱歌、为你精心布置浪漫场景作为惊喜或是不重样且夸大对你的爱意、海誓山盟……

表演者的内心戏十分丰富，他们追逐他人关注的过程也可能十分浪漫、令人意想不到，这也是许多人为表演者着迷的原因，最初表演者营造的剧场和梦境太过美好。

下面我就介绍一下表演者的四种魅力特质，看看这些特质是如何令人掉入陷阱的。

◆ 热情，充满活力，古灵精怪

热情、充满活力，是非常有感染力的，也是非常直接的情绪价值。

试想一下，如果有一个仪表光鲜、多才多艺、机灵有趣且引人注目的人对你表现出兴趣，用各种搞怪、讨喜的方式逗你开心、引你关注，且以各种热烈的方式追求你，你是否会有一丝心动呢？即便对方不是你喜欢的类型，你大概也是愿意和他交往的。

表演者往往能够在现身社交圈初期就以其独特的语言风格、行事方式收获众人的好感，大方、自信、主动的社交表现通常也让表演者更能够在人际交往中收获关注和好感。

如果表演者发现我们对他在人群中爱出风头的行为表现出反感，他们很可能会快速地变换戏路，哭着向我们倾诉自己的悲惨经历，充分示弱，或者表演谦逊，过来和我们亲切地交流，直到他们感觉获得了我们的关注和好感才罢休。在这种情绪绑架的氛围里，我们又怎么好意思一直表现出敌意呢？

比起总想处在高位的自恋者，表演者在社交方面会表现得更讨好。

◆ 性感惑人，充满情趣

表演者非常乐于与他人分享自己身体的性感之处与优势，这本身也是一个非常吸睛的举动，会让一部分人觉得收获满满。

试想一下，在某个品牌发布会上，一位美女衣着大胆、性感，丰乳肥臀，并大方地搔首弄姿供摄影师拍摄，或者一位帅气男模大方地展示自己的八块腹肌，并且慷慨地允许你随意触摸……一般人都会觉得这样的人充满魅力。

表演者在日常的人际交往中大多时候都是这样的状态，不论他们是否美丽或者帅气，他们都会过度地展示性感，靠近不熟悉的人且表现得与其亲密，虽然有时候会让气氛有些尴尬，但还是有一部分人会被诱惑得动心。

◆ 多才多艺，吸引目光

因为极度渴望被关注，表演者通常具备一些能够快速获得关注的技能，比如装扮个性、能歌善舞、口若悬河、才思敏捷等，种种才艺会让表演者看起来生动有趣，充满魅力。

◆ 忽冷忽热，情绪刺激

由于表演者为舞台而生、为剧本角色而活，本质上，他们是没有稳定的自我的，因此常常会表现出忽好忽坏的极端反复，情绪也极容易失控，这会给伴侣带来非常刺激的情绪体验，让伴侣常常困惑，患得患失。许多人误把这种强烈的情绪起伏当成"心跳"的感觉,深陷与表演者的情感困境。

健康的亲密关系的体验通常较为平和,波动较小。而与表演者相处,他们变幻无常的剧本、角色和反应,会让我们的情绪如过山车一般跌宕起伏,令我们痛苦但也令我们着迷甚至上瘾。

比起健康的亲密关系,"虐恋"往往会给人带来更丰富的感官刺激,许多人在长期的精神虐待中会陷入习得性无助,变得更加渴望重复美好的时光,更麻木地忍受表演者因情绪失控带来的攻击和伤害。

以上是表演者在人际交往初期展现的四种魅力,由于热情、逗趣、勾引无度、边界不清,表演者往往会吸引很多对表演型人格认知不足的人。当然,也不乏一些自身有问题的人会被表演者深深吸引。

◆ 成长经历缺爱,缺乏关注

由于表演者的行为均是为了索取关注,"被关注"是表演者最看重的价值,所以他们向外投射出来,也会病态地觉得所有人都渴望被关注,因此表演者会在人际交往初期表现出对感兴趣之人充足的关注,比如在社交媒体疯狂地给对方点赞、互动;热切地关注对方的日常,表现得讨好;出其不意地给对方惊喜或意外,进而引发对方的情绪波动;等等。

于是,那些对表演者十分迷恋的受虐者,往往原生家庭体验较为缺爱且缺乏关注,无法招架表演者热烈的追求和交往,并在与表演者的交往中渐渐从天堂坠入地狱，失去自我。

◆ 自恋型人格

自恋人格障碍者极度渴望站在关系的高位、享受他人的赞美和崇拜，所以自恋者极容易被"为求关注，愿意迎合、讨好"的表演者吸引。

表演者的追求方式热烈、戏剧性、夸张，如献上鲜花、豪车、美酒、戏剧性的告白等，他们总有办法吸引人群的目光，往往也能满足自恋者对外在虚荣的追求。

表演者可以以自编自导自演的善变风格与自恋者相处下去，因为自恋者只关注自己，察觉不到表演者的内心戏和行为的变化，又因为这两种人格障碍者都缺乏共情能力，所以在相处过程中都沉浸在自以为是的状态里，反而相安无事。等到自恋者和表演者陷入虐恋，由于难以取得自恋者的关注，表演者将扮演受害者，呼朋引伴地攻击自恋者，而自恋者为了维护自身的高位形象，也会无所不用其极地进行反击，导致彼此进入虐恋和敌对状态。

◆ 拯救欲

表演者善于扮演受害者，由此引发同情，让受虐者被道德绑架，不敢轻易伤害表演者，并天真地以为自己能够"拯救"表演者，进而越陷越深。

虽然自恋者也会博取同情，但其动机和表演者是不同的，通常自恋者扮演弱者是为了给自己的控制行为找借口，比如监视伴侣的行程、控制伴侣的财产、限制伴侣的社交等。

当自恋者的伴侣向其表达自己已经无法忍受被控制的状态时，自恋者会扮演弱者，比如"我太爱你了，所以控制你""我最近压力太大了，所以才不希望你和别人接触""我父亲曾伤害过我，我没有安全感"，等等。因为要持续处于高位，自恋者往往不会扮演低位的受害者，只会表达自己的控制和打压是"有苦衷"的。

不论是自恋者还是表演者，他们都没有爱的能力，无从谈爱，也不会尊重、看见他人的真实意愿和真实存在，但他们常常会以爱的名义控制和索取身边人的关注、情感和付出，如果对他们缺乏认知，就容易被他们弄得晕头转向还误以为这"真的"就是"爱的疯狂"。

一眼看透表演型人格障碍者

事实上，表演型人格障碍者的危险不低于自恋型人格障碍者，许多问题人格兼具这两种危险又充满迷惑性的人格特质，给身边人带来巨大的身心灾难。

接下来，请跟我一起来了解表演者最明显的十二个特征，看透他们"人生舞台"的真相。

如何摆脱隐性控制

◆ **爱出风头，极度求关注**

我们不妨随意地打开一个网络视频平台，看看热搜榜，就能看到热门影片里充斥着许多拥有表演型人格特质的人物：他们夸张地演绎着毫无逻辑的动作与表情，激动地分享着毫无内涵的想法与日常，甚至极端地尝试一些危险的行为，比如跳进冰河、走在万丈高楼的边沿、试吃魔鬼辣椒等，表演者竭尽全力地表现，只为博取更多人的关注和热议。

还有媒体衍生出来的只为索取关注的标题，比如"性感学姐猎心爵士舞""史上最不要命的吃辣挑战""全网跪拜的高音挑战"等，这些极具挑逗、夸张、吸引注意力意味的词句无不尽显表演型人格的特质。

不可否认，随着媒体时代的发展，表演型人格障碍者常常是媒体的宠儿。试想一下，当你开着直播，站在人潮涌动的街角，衣着暴露，忘我地跳着性感惑人的舞蹈，线上线下都有无数双眼睛盯着，如果没有表演型人格的特质，我想，一般人还真的撑不住这样的场面。而对表演者来说，越多人观看自己的表演，他们就会越兴奋，表演得越带劲……有实力的表演者确实能够在自媒体时代收获更多的利益，有机会成为极具争议的话题网红或者流量明星，这也是表演者有魅力的一面。

表演者往往也是聚会里活跃气氛、备受关注的那类人。他们开朗、热情，能说会道，性感惑人，为了能够成为聚会关注的重心，甚至会捏造曲折离奇的故事、编造自己的经历、出卖朋友的隐私或者高频地对别人的分享表现出夸张的反应,以此获取众人的关注。

如果表演者没有顺利地成为人群或者亲密关系中的焦点,他们很可能会表现得懊恼或者愤怒,他们会凶狠地攻击人群中获得关注的人,甚至不惜在大街上与朋友或者伴侣歇斯底里。

如果表演者长期没有备受关注,他们还可能会抑郁、崩溃,甚至会冲动地用自杀或者犯罪的方式来寻求关注,这也是表演者最奇特的地方,即使情绪低落,表演者的行为也会表现得十分具有戏剧性。

然而,从线上媒体、线下聚会回到现实生活的亲密相处中,表演者依然过度渴望做主角、受关注,这会让其身边的人持续被忽视,身心俱疲。

表演者无时无刻不在表演各种幻想的角色,仿佛有一个无形的摄影机一直在拍他。长此以往,表演者这种虚假、夸张、只求自己被关注的行为模式必将导致严重的精神问题以及因脱离真实而造成的各种关系的破坏。

值得一提的是,虽然自恋者也爱出风头、求关注,但是自恋者的动机是"塑造一个优越的自我形象",以便能够让自己高高在上。自恋者很少会用"悲惨、失败的受害者"形象来包装自己,因为他们不愿意在关系中处于低位,除非他们想站在道德的高位,才会偶尔伪装成"受害者",但不会把自己渲染得太悲惨。自恋者多会用"学历高""家境好""有钱""成功"这类设定来包装自己、出风头。

而表演者不在乎自己是不是在关系中处于高位,只要能获得关注,他们什么角色都愿意扮演,连"卑微的讨好者"这样的角色,他们也可以扮演。表演者在不同的角色扮演过程中表现得比自恋者夸张很多。对于表演者来说,"黑红也是红",只要能够获得关注,他们可以付出任何代价。

◆ 过度地展示性感

表演者往往是聚会里的交际花,他们很可能衣着性感、暴露,眼睛四处放电,保持着魅惑的微笑,并且肢体语言充满性暗示。不论参与聚会的异性同事是否有伴侣陪同,表演者都毫不在乎,依然会目无旁人地与其表现得关系暧昧。表演者充满挑逗意味的行为举止,往往会让聚会里的异性都误以为他们对自己有意思,在勾引自己。

但请注意,千万不要被表演者这类行为迷惑,一旦你试图靠近他们,很可能会被他们愤怒地推开。他们所做的一切诱惑行为、表现出的开放姿态,仅仅为了引起注意,并不意味着他们渴望与你发展亲密关系。表演者很享受用魅惑的方式戏耍他人以及操纵情感带来的满足感。

表演者往往会频繁地更换伴侣,并不是出于新鲜感,仅仅是为了让别人认为自己很有魅力,并满足自己在不同关系里可以扮演不同角色的"戏瘾"。

◆ 情绪易失控

前一秒还对人热情洋溢,下一秒就可能大发脾气;昨天还是一个忠诚的"完美伴侣",今天就忽然变成了脚踩几只船的"海王""海后";上周还是一个不懈努力的乐观者,这周忽然变成了颓废的流浪汉……表演者的情绪转变往往夸张到令人瞠目结舌。

表演者的情绪极容易失控,忽冷忽热,阴晴不定,并且这些情绪的表达大多都非常浅表、夸张,比如手被轻微磨破皮了,伤口都没有流血,但是他可能会表现出仿佛中弹一样夸张的痛苦,泪如雨下;忘记提交工作报告,被同事评价为粗心,他可能会表现出夸张的委屈和崩溃,好像同事对他做了不可原谅的事一样;等等。表演者这些夸张、强烈的情绪往往没有现实的依据,完全靠自己幻想的剧本和角色催生这些情绪,并且前后变化极大。

如果表演者费劲地表演出夸张的情绪却依然没有得到关注和重视,他们会不断放大情绪的夸张程度,甚至愤怒,出现暴力行为,或者忽然消极、抑郁,以自杀相威胁……表演者的情绪常常处于好和坏这两个极端,并可以快速地来回切换,这一点和后面会提到的边缘型人格障碍者类似,区别是边缘型人格障碍者难以迅速切换情绪,暴怒一旦发生,就会持续很久。

虽然自恋者也容易情绪失控,但其情绪失控主要是因为"觉得自己没有获得尊贵的特权",表现出来的情绪往往以愤怒为主;而表演者情绪失控主要是因为"没有被关注",表现出来的情绪往往是极端的喜、怒、哀、乐。

◆ 表演欲极强

不管处于何种场合,表演者总有办法吸引所有人的目光。他们时而表演"霸道总裁爱上我",时而表演"后宫甄嬛传",时而表演情景喜剧"合家欢",时而又表演"文艺故事"……表演者把生活当成舞台,认定自己是主角,其他人全是观众,他们的一举一动都是某场演出的一个桥段,他们沉浸式演绎着每个角色,并且每部戏都维持不了多久,很快就会被新的剧本和角色替代。

表演者的社交媒体,比如朋友圈、微博、抖音等,都可能是他们不停变换角色的舞台,他们的自媒体账号名、个性签名、内容风格也常变来变去,风格转变极大。

没有人知道表演者下一次会怎么反转,也不知道他们此刻上演的是什么戏码,甚至连他们自己都不知道,因为他们根本不觉得自己在演戏,他们觉得自己的每个角色都是"真实"的,在自己扮演那个角色的短暂时间里,那个角色就是他们自己。

最吊诡的是,对表演者来说,他们演绎的每个角色都是独立存在、互不影响的,他们可能在家里是"好好先生"或者"贤惠妻子",在外和情人陷于"危险关系",在工作中与新来的异性同事"甜蜜""暧昧",等等。在表演者看来,这几个角色不承担彼此的责任,所以他们极易出轨,人际关系暧昧不清,并且不会有任何的自省力和愧疚感,也不会意识到多重关系的背叛会给伴侣带来伤害。

表演者很作,比如:在工作场合,他可能会表示自己不能坐在窗户旁,那样光线太强,会伤害到自己曾受过伤的眼睛(事实上他

2 你只能关注我！与表演型人格障碍者的日常

的眼睛并没有受过伤）；伪装自己有幽闭恐惧症，表示自己单独在幽闭空间会晕倒，时刻需要他人陪同；假装自己不会喝酒，一杯就倒，然后顺势倒在喜欢的异性怀里；等等。如果这些"作精"做法没有被重视，期望没有被满足，表演者就可能会瞬间崩溃，摇身一变，成为"不被理解、不被善待的悲情主角"……

表演者这么做，唯一目的就是吸引众人的目光，至于得到的评价是正面的还是负面的，他们并不在乎。所以，表演者常常会挑起各种矛盾和争议，让自己成为制造话题的中心角色，甚至不惜出卖身边人的隐私、制造谣言，最终给身边的人造成极大的困扰与伤害。

自恋者也可能会出轨，但其出轨是因为"觉得自己的权利至高无上，有权选择多个伴侣"，而不是基于表演者切换角色的逻辑。

◆ 缺乏同理心

对舞台表演者来说，只需要充分表现所出演的剧本角色，传递给观众特定的情绪即可，至于观众是谁、有什么独特的情绪，表演者不在意也不在乎，因为对于表演者来说，观众就是台下一个个面孔模糊、聚光灯照不到的人形而已……表演者在生活中也会这样营造幻想的舞台或剧场，身边的人对于他们来说全是"观众"，所以他们根本不会在意"观众"的情绪，自然无法对"观众"产生共情，看见和理解"观众"的情绪。

若是与表演者相处，我们的真实情绪不会被他们看见和尊重，并且他们会表现出很强的控制欲，只希望我们体验到他们所出演的剧本角色带给我们的情绪，不然就容易失控，暴怒，甚至指责我们没有同理心。往往这些情绪变化极快，发生得很突然，让人摸不着头脑。

如果表演者发现我们没有给予他们的"戏码"非常的关注，不是他们的"观众"，他们往往会立刻翻脸，无视我们的存在。

虽然自恋者也缺乏同理心，但其与表演者的内在逻辑是不同的：自恋者能够明确感知自己的情绪，因为他们自大，轻视他人，觉得除了自己的情绪，他人的情绪都不重要，所以会表现出缺乏同理心；表演者也无法清楚认知自己的真实情绪，因为他们的所有情绪都是为了博取关注而捏造、表演出来的，他们更无法理解他人的情绪，他们只有虚构的剧本和角色，根本无法感知到自我和他人的真实存在，因此缺乏同理心。

◆ **语言风格夸张**

表演者往往"语不惊人死不休"。为了获得关注，他们往往会说出毫无事实根据但语气非常确定的话，甚至不惜造谣，比如"我一个月没睡觉，状态依然非常好""无线充电有辐射危险""我的悲惨身世真的令闻者伤心、见者流泪"等。

虽然自恋者也常会表现得自吹自擂、语言夸张，但是他们这样做是为了持续让自己处于高位、受到赞美、获得特权，所以他们只会吹嘘自己的优越感，并且不会表现得非常夸张。而表演者吹嘘多是为了引发关注，所以他们会吹牛，也会自我贬低，甚至出卖隐私、捏造事实，无论是所述的内容还是身体语言，都十分生动、夸张。

◆ **虚情假意，情感体验肤浅**

由于表演者大多为了获得关注而表演各种状态，缺乏适应现实的能力，所以他们的言行举止往往夸张、表面、肤浅、虚假，与表演者相处难以获得信任和亲密感。我们也许会在与表演者交往初期被吸引，他们会说出很多有趣新奇的观点和笑话，让我们对他们印象深刻。相处久了，我们会发现自己对他们还是一无所知，十分困惑，我们不知道他们不断切换的角色里哪个才是真实的他们。

表演者全身是戏，他们为"舞台"而生、为"观众"而活，缺乏内在自我的稳定感，一切情绪和行为会因外界的反馈而变化，所以他们往往会在朋友关系或者亲密关系中反复出卖和背叛，出现知行不一的分裂状态。比如，表演者会热情地告诉我们，为了我们，他们愿意上刀山、下火海，然而当我们请求他们到医院看望生病的我们时，他们会觉得下雨天麻烦而拒绝；表演者会告诉我们我们是他们此生的唯一，然而我们很快会发现他们已婚，还有小孩；表演者会与我们称兄道弟或者姐妹相称，说与我们是过命的交情，我们转身就会发现他在聚会上把我们的隐私当成谈资随意分享给他人……表演者这种不负责任的行为往往让人非常震惊，并深深受伤。

为了快速获得关注，表演者往往也会过度在意仪表，他们时常会以身体魅惑的方式来与人交流，这也是他们的肤浅所在。我们会发现，表演者除了搔首弄姿，说一些新奇的网络热梗和夸张的人生经历或故事，再无其他。

虽然自恋者也有"虚情假意"和"情感体验肤浅"的特质，但其情感体验肤浅表现在慕强、重物欲和势利上，若无利可图，自恋者会表现得非常冷漠。自恋者注重仪表，是为了展示自己的优越感，以便站在高位。而表演者"肤浅"和"虚伪"，只为求得关注，他们往往不会像自恋者一样表现得非常强势，也不会像自恋者那么贪图物质利益。

◆ 极易受外界影响，墙头草

表演者坚信自己是幻想舞台的"演员"，所以他们的自我存在感和自我价值感是依赖观众的，因此他们会非常在意外界和他人的评价和眼光：当外界给他们正面反馈的时候，他们欣喜若狂；当外界给他们负面反馈的时候，他们极易认同。

表演者非常容易受外界的反馈的影响，他们也很热衷于煽动他人的情绪，这也是表演者情绪起伏极大的主要原因。

表演者因为没有稳定的自我，往往容易迷信权威、跟随大众，没有独立的思想和观点，在人际交往中往往会表现得像墙头草，对他人的态度也常常瞬间变化，反反复复。比如，表演者往往会与我们说我们讨厌的人的坏话，又与我们讨厌的人说我们的坏话，这就是我们生活中所说的"两面派"，他们这样做会伤害友情和亲密关系，因为他们意识不到这种行为是一种背叛。

◆ 边界意识不清晰

表演者会过度高估自己的亲和力，常常幻想他人暗恋自己。有时，他们只不过与异性有一瞬间随意的目光接触，就会断定对方喜欢自己，尽管毫无现实根据。这也是表演者边界意识不清晰的表现。

表演者面对刚认识几天的人就可以以家人相称，把彼此的关系营造得非常亲密，并且会无视对方的拒绝，强行拉近彼此的关系。

表演者边界意识不清晰还体现在与异性关系暧昧上，不论是否有伴侣，他们都无法中断与暧昧对象的联系，还会有意无意地向伴侣炫耀自己备胎很多、极受欢迎的状态，无视这种行为对伴侣的伤害。

◆ 急性子

表演者往往无法忍受延迟满足，他们做事常常虎头蛇尾，只三分钟热度。所以，表演者在亲密关系初期会表现得浪漫，立下海誓山盟，激情四射，没过多久就兴趣索然，表现得冷漠、疏离，性情大变。表演者通常会和他人快速恋爱又分手或闪婚闪离，但凡对方放慢亲密关系的进展，表演者就会变得气急败坏，情绪不稳定。

◆ 谎话连篇

跟表演者谈论"真实"是没有意义的，因为对他们而言，在每一场戏里，他们都是真实的，至于戏和戏之间的矛盾和背叛，他们没有意识，他们缺少自省的能力，所以往往沉浸在"真实的谎言"

里。这是他们的病态所在，也是比"恶意欺骗"还要可怕的情况。

正因为表演者无法意识到自己在表演，也无法察觉自己的行为前后不一致，所以从他们的主观角度来看，他们是真诚、不虚假、毫无保留的，所以他们在知行不一以及出轨、背叛的时候不会有任何的罪恶感或者愧疚感。这一点和自恋者是不同的，自恋者说谎为的是维护自己的高位和特权，而表演者的谎言往往是他们精心策划的。

◆ 以自我为中心

表演者只为自己幻想的舞台和演绎而存在，他们只在乎观众眼中的自己是否备受关注，至于其他的，他们全不在乎。

表演者没有感知真实自我的能力，甚至压根没有自我，也看不见他人的真实意愿和存在，只有无尽的剧本和角色，并且随机切换，表现出来就是他们沉浸在自己的世界里，完全不顾现实的变化，情绪也出现得莫名其妙。

虽然自恋者也会以自我为中心，但其过度自我是因为他们觉得自己是至高无上的皇帝，其他人都是奴隶，这个内在逻辑和表演者心中的"表演者"与"观众"的关系是不同的。

以上是表演型人格障碍者的特质，如果有人稳定地符合上述三种以上的特质，那么他就可能患有表演型人格障碍，符合的特质越多，特质表现得越长久、越稳定，症状就越严重。

比起自恋者，表演者与人交往的过程会讨喜一些，严重的自恋者往往在社交关系中因为总要高高在上，会更令人厌恶。

值得一提的是，自恋者和表演者的特质往往会相互融合，症状严重的自恋者也会表现出很多表演者的特质，症状严重的表演者往往极其自恋，这两种人格障碍往往相伴存在，一个为主，另一个为辅。

在生活中，自恋者和表演者往往会相互吸引，自恋者看中表演者招蜂引蝶的能力，表演者愿意为了获得自恋者的关注而表演卑微和吹捧，他们都是需要站在聚光灯下的人，往往在追逐聚光灯的过程中遇见并相互吸引，建立病态的虐恋关系。

与表演型人格障碍者相处的合适边界

表演者对你感兴趣的时候，其关注力会如同聚光灯一般指向你，被他们的聚光灯照射的时候，你会觉得无比温暖，如置身于天堂；当他们将聚光灯从你身上移开时，你就会体验到被轻视、忽视的冷漠地狱……

表演者浮夸华丽的外表背后隐藏着残酷的真相：毫无同理心地对待、编造粗糙的谎言、近乎儿戏地处理亲密关系。

也许在与表演者建立关系初期，你们相互吸引，有过一段浪漫激情的时光，你深信表演者深爱着你，他也是这么认为的。然而，

如何摆脱隐性控制

好景不长，你慢慢会发现，表演者并不知道如何爱人，也未曾真正爱过别人，他甚至没有被爱的需求，他只是想持续获得热情的掌声和全部的注意力。

如果你选择了一个表演者作为伴侣，那么你的真实意愿和存在将长期不会被尊重和看见，你也难以体验到真实的爱带来的滋养和治愈力量，你会常常困惑、压抑，陷入追逃的虐恋关系。

所以，请耐心地了解本章对于表演者特质的解析，在与其建立关系初期就慧眼识人，尽量避免让这样的人成为自己的亲密好友或者伴侣，与其保持礼貌的距离即可。

如果你已经深陷与表演者的关系，被其忽好忽坏的表现弄得晕头转向，甚至怀疑人生，那么是时候看透表演者的人格本质了。请动身离开，让自己有契机去体验健康的亲密关系。

如果选择离开，那么你需要做好实际和心理两方面的准备，以下方案仅供参考。

（1）不再当表演型人格障碍者的观众，停止对其的关注。

"停止关注，切断联系"是与表演者分离的较好策略。不再关注表演者设为舞台的媒体或者生活圈，停止对表演者的关注和回应，只要你用行为明确地表示不再关注对方，就是个好的开始。

由于表演者病态地需要关注，面对关系的破裂，他们很可能会产生应激反应，为了拉回关注而无所不用其极。他们可能会夸张地认错，保证不再伤害受虐者，并在分离期做出疯狂追求的举动，其中不乏一些让受虐者重新心动的演绎行为……但这些看似的好转往往都是暂时的，一旦你回到表演者身边，他成功博回关注，很快，你又会重新体验到巨大的落差，长此以往，你们将越来越难真正走出虐恋关系。所以，在分离期不再关注表演者是非常重要的策略。

如果你决定与表演者分开，就需要做好心理和行为上的准备，也要与表演者聚拢的社交圈分离。因为表演者大概率会为了获得分离后的人际支持，演一出抹黑你的好戏。若发生了这样的情况，不要掉入自证陷阱，一旦你回应和解释，就又与表演者联系上了，进入关系的纠缠，所以你也需要有一定的心理能量来迎接可能会到来的人际困境。

(2) 与真正关心你的人保持联系，告诉他们实情。

向身边人普及表演者的特质，告知他们你与表演者接触的真实境况，以便日后有个照应。因为表演者非常需要被关注，他们应对关系冲突时多半会演绎自己是受害者，动用舆论的力量来攻击受虐者，所以受虐者提前向身边的亲友告知表演者的真实情况就显得十分重要。

(3) 收集证据，寻求法律援助。

面对分离和失控，表演者很可能会表现出自杀式威胁，也可能真的做出轻生的举动，他们表现得如同失去舞台的表演者，觉得人生黯淡无光。所以，也需要有意识地在表演者发起自杀式威胁的情况下给予一定的关注，及时联系外援，同时有意识地录音录像存证。

如果你选择继续留在表演者身边，那么你需要调整与表演者的相处方式。

（1）把关注力拉回自身。

由于表演者病态地渴望被关注，你可能会在与其相处的过程中长期无意识地被索取大部分的关注，进而在一定程度上迷失自我，被表演者的阴晴不定弄得晕头转向。

把关注力拉回自身，对你来说尤为重要。你需要有意识地拓展自己的社交圈，投入自己的兴趣和事业，学习和练习无条件地自爱和自我支持，完全地关注自己的需求和日常。这样，找回自我，克制地给予表演者关注，而对方为了重获关注，会在关系里做出一定妥协和努力，进而缓解对你的轻视和攻击。

简单来说，与表演者相处，你需要完全地关注自我，让表演者持续处于追逐以获取你的关注的状态，才能最大限度地保证自己不被伤害和虐待。

从某种意义上来说，自恋者因为非常自我、自私和利己，反而能和表演者相处得更久。

（2）放下期待和幻想。

表演者没有稳定的自我，也没有爱人的能力，他们只有不断切换的舞台和虚假的角色，所以你也要放下"希望能与表演者稳定生活"的幻想，接受其"善变"的现实。

（3）接受表演型人格障碍者的真实。

表演者内心戏丰富，行为充满戏剧性，但他们自身是意识不到自己在"表演"以及自己的"人格障碍"的。如果你决定与表演者继续交往，就需要接受这个现实，允许他们不分场合地吵闹、将你们的隐私当成社交货币和炫耀的资本而出卖你以及允许他夸张地演绎，等等。

不要嘲笑或者指责表演者是"戏精"，虽然事实确实如此，但是这会导致他们情绪失控，进而行为失控。

（4）尊重其表演，为其提供追逐的剧本。

做表演者的观众，探索他们内心渴望的剧本，给他们提供剧本，适当虐一虐他们，也夸张地演绎一些强烈起伏的情绪。发现表演者开始表演时，不要打断他的演出，站在观众的角度配合他的表演，呈现出他期待的反应，迎合他为你设定的情绪。当然，也要把握好度，不能无视他的表演，也不要让他一味地沉沦。

（5）适度纠正。

当表演者做出正常的行为和反应的时候，及时给予赞赏与肯定，让他们的演绎收敛一些。当他们表现得过于戏剧化而被剧情冲昏头脑的时候，耐心地和他们讲解现实。

（6）发挥其才能。

认可表演者的"戏精"属性，支持他们尝试演绎类的工作和事业，发挥他们的表演才能。

最后要补充一点，比起自恋者，表演者会讨喜一些，与他们相处保持点赞之交即可，不必太过亲密。

3

你是不是想害我？

与偏执型人格障碍者的日常

How to
Get Rid of Implicit Control

你遇到过不论你如何真诚地示好都坚信你怀有恶意的人吗？比如当你和对方开善意的玩笑，对方却认定你在侮辱他并大发雷霆；在情感关系中，无论你如何证明自己的清白，对方都断定你不忠，并不断地以此羞辱你；你真诚地赞赏对方，对方却指责你在恶意捧杀他；等等。如果在一段关系里无论如何都不能与对方建立信任，也无法将对方冷漠、敌对的心焐热，那么你大概率遇到了偏执型人格障碍者（书中简称为"偏执者"）。

与偏执型人格障碍者相处时的感受

由于对外界和他人的敌意极重，脾气又暴躁、易怒，加上病态的固执、记仇，偏执者是极难相处的一类人。

长期与偏执者相处，会导致严重的身心耗损，最常见的感受有以下六种。

◆ **困惑、恐慌**

偏执者突如其来的愤怒指责往往会令与其相处者受到惊吓，不知道哪里又得罪了他,也无法通过正常沟通来了解真正的原因,因而持续处于一种压抑的困惑,无法解释也无法申诉,莫名其妙地承受无端的攻击。

在人际交往中,偏执者就像一颗定时炸弹,随时有可能爆炸,爆发的时候攻击性极强,而且情绪和行为容易失控。

我认识某公司的一位高管,他时常突然在公司公开地对某位员工进行指责和辱骂,或者忽然排挤某位员工,开会时故意不让其参加,随机地对员工开启身心虐待。而他出现这些攻击行为的真实原因,被针对的员工往往无法搞清楚。当被针对的员工询问他:"发生了什么,为何开会不叫我?"他通常说不清楚,但会以恶意的动机来解读该员工的正常行为,比如他会指责该员工:"你太糟了!我知道你对我有很多意见,不好好做事,你休想升职加薪!"当该员工询问自己具体哪里没有做好或者他从哪里看出自己对他有意见时,他通常说不出具体的依据,只是回应道:"你瞒不过我!"然后愤怒地终止沟通,一走了之,留下一头雾水的被针对员工。而在那家公司就职的员工多半长期陷于这位高管导致的恐惧、不满和压抑,其中许多员工不堪忍受,愤怒地离职。在他们离职后,这位高管还四处抹黑这些员工,给予他们"居心不良""抗压能力差""能力不足""性格有问题"等主观、消极的评价,丝毫不在意自己这些恶意评价会给这些离职员工的职业生涯带来多么消极的影响。

偏执者在面对同事或朋友时会无端表现出敌意,在亲密关系中,攻击性会更强。

前述那位高管的前女友小薇曾痛苦地和我说,他经常原因不明地大发脾气,随之而来的是歇斯底里的语言暴力。在沟通过程中,小薇一不顺着他的意思,他就开始质疑小薇的忠诚,还对小薇进行言语上的羞辱,认定小薇给自己戴了"绿帽子"。无论小薇如何证明自己的忠贞,他都不会相信,坚信小薇在狡辩和掩饰,为此他还出现暴力行为,将住所的物件摔得乱七八糟,有几次还拿东西向小薇砸去……私下里,他四处捏造关于小薇不忠和恶毒的谣言,诋毁小薇是拜金女、女"海王",给小薇造成了不小的困扰,也让小薇名誉受损,小薇因此患上了抑郁症。

与偏执者长期相处,我们会对他们暴怒、指责的行为充满困惑,又会对他们不计后果的失控行为感到恐慌。

◆ 委屈、压抑

偏执者常常对亲密关系中的另一方表现出极强的敌意,时常恶意地解读对方的行为动机,比如"你一直夸我棒,就是故意想捧杀我""你出差那么多天,一定是有外遇了""你对我这么好就是为了图我的钱",等等。这样的行为难免会让其伴侣感到十分委屈。

"委屈"表示一个人受到了不应有的指责或待遇而心里难过,是一种极其消耗心力的情绪。长期与偏执者相处,这种委屈将会不时地出现,并且令人难以释怀,最后很可能会导致身体疾病,比如结节、囊肿、免疫系统崩溃、内分泌失调,甚至可能会引发肿瘤。

在我的线上咨询者中,有许多不幸地选择了偏执者作为伴侣,因长期遭受偏执者的无端敌对、攻击等身心虐待，而患上肺结节、甲状腺癌或卵巢囊肿，并且他们在住院疗养期间仍然不间断地遭受偏执者的质疑、怒怼和指责，无法得到温和的照料，导致病情不断加剧，身心更加崩溃。

长期与偏执者相处，委屈和压抑几乎没有尽头。

◆ 过度焦虑

长期与偏执者相处，无论如何证明自己的善意和忠诚，都不会被接受、相信，不得不频繁地应对偏执者的无端质疑、嫉妒和妄想。其住所四周都可能会被偏执者监控、自己的每个消息都可能被偏执者"审查"、自己的每个行程都必须和偏执者确认……即便自己的监控记录、消息内容和行程安排都无可指摘，仍要面临偏执者的无尽怀疑和质问，应对偏执者的无端愤怒，因而感到万分疲惫、厌烦和焦虑。

偏执者坚持"他人一定会谋害我"的自我式预言，为了证明自己"料事如神"，他们会逼到对方厌恶、拒绝他们为止，然后肯定自己对对方的恶意揣测是"正确"的。

长期与偏执者相处，会持续处于厌烦和焦虑中，这都是对身体伤害极大的负面情绪，可能会导致睡眠障碍、噩梦连连、窒息感，也会经常感到肠胃不适、发炎，还有不明原因的头疼、颈椎疼和其他因过度焦虑引发的神经性疼痛。

◆ 愤怒、暴躁

愤怒极易传递，长期与偏执者相处，经受偏执者频繁的无端愤怒，也会常常感到愤怒、暴躁，而且无处宣泄。

长期与偏执者相处，身心饱受虐待的同时，也往往会被同化，看待他人和外界的方式会受到偏执者的影响，形成敌对的习惯，慢慢变得难以相信自己值得被善意、温和地对待，也难以相信现实生活中存在善意相待的关系，结果很可能会渐渐迷失自我，放弃被尊重、被信任的权利。相处者也可能陷入"自证陷阱"，执着地希望证明自己不是偏执者所妄想的那么"坏"，进而进入越证明越无法被相信的恶性循环，长期压抑的愤怒也会对相处者的肝肾带来病理性的耗损。

◆ 无奈、绝望

当无法与偏执者达成沟通和理解，无法与偏执者进入友善、尊重的相处模式，甚至无法与其建立正常的联结，我们会感到万般无奈和绝望。

长期与偏执者相处，对美好生活的希望会逐渐破灭。

◆ 悲伤、沮丧

如果不幸与偏执者建立亲密关系，或者不幸成为偏执者的孩子，持续被看作最坏、最邪恶、不忠的存在，我们会感到极其悲伤和沮丧。

试想一下，本该是最亲近、最信任的伴侣，却无时无刻不把我们当成最恨的敌人，对我们极尽诋毁和攻击，本该是最温暖、最安全的父母，却无时无刻不把我们当成最卑劣的孩子，对我们过度地指责和抱怨，这会让本该充满爱的家成为积累恨的地方，受虐者的日子必定苦不堪言，身心健康受损。

偏执者还有一个很致命的缺点，那就是擅长否定，他们几乎是为了否定而否定，我们喜欢什么他们就讨厌什么，我们支持什么他们就反对什么，我们欣赏什么他们就贬低什么，等等。长期与偏执者相处，我们的所有喜好，他们几乎都要反着来，他们会用最恶劣的语言来攻击和否定我们的兴趣、爱好、特长，会让我们感到无比崩溃和沮丧。

虽然自恋者也会时常打压和否定受虐者的日常，但他们这么做是为了持续处于高位，而偏执者的否定往往缘于他们内心的无端怨恨，而且程度更深。

如果受虐者本身就自我感薄弱、软弱、顺从，偏执者对其的虐待会更为严重，受虐体验会更为持久。

为何被偏执型人格障碍者吸引？

偏执型人格障碍者与边缘型人格障碍者（书中简称为"边缘者"）在一些方面类似，比如这两类人格障碍者都容易情绪失控、攻击性极强、难以沟通以及人际关系不稳定，但这两类人格障碍者的行为动机完全不同：偏执者所有的行为都是为了避免自己被他人谋害，而边缘者所有的行为都是为了避免被抛弃，所以偏执者会更孤僻，而边缘者会更渴望与他人建立联结，更需要与他人在一起，难以忍受独处。

由于偏执者与他人敌对和竞争的意识强，好胜心极强，他们通常能够在激烈竞争的环境中成绩突出。而边缘者往往会因为情绪不稳定而忽然放弃学业或者事业，并不像偏执者这般上进。所以，偏执者往往会吸引慕强者，而边缘者往往会吸引保护欲强的人。从另一方面看，偏执者这种极端的偏执往往也能促使他们做出一些非凡的事。美国著名企业家安迪·葛洛夫曾说过："只有偏执狂才能生存。"许多行业传奇的背后必有偏执狂的身影。在我的线上咨询者中，许多人与偏执者深陷虐恋关系，无不是因为迷恋偏执者作为行业翘楚的才能和地位，而心甘情愿地受虐。确实，偏执者在各行各业都很有可能因为过度执着地努力而有所成就，这也是偏执者的核心魅力所在。

迷恋偏执者的人，迷恋的往往是偏执者的以下四种魅力特质。

◆ 自傲，清高，孤僻，独立

由于对外界和他人充满了不信任和敌对意识，偏执者往往倾向于独来独往。如果对偏执者的内在逻辑认知不足，会误以为偏执者表现出的敌对和孤僻是因为其"独立"和"个性"。

偏执者往往自负、清高，觉得自己非常特别且重要，因而将周围环境中与自己无关的现象或事件通通联想到自己身上，觉得都是冲着自己来的，想要"轻视"或者"加害"自己。为了不被轻视和加害，他们会倾尽全力爬到高位，以获得更多的控制权，以备在他人谋害自己之前有能力和权力"先下手为强"。因此，偏执者有着"自己要成大事"的自我要求和信念，而且觉得其他人都是自己的手下败将。也正是这股内在的孤傲和佯装强势的气质，会让人觉得偏执者有才能、有实力、与众不同。

◆ 好胜心强，永不服输

偏执者竞争意识极强，总觉得别人会嫉妒、陷害自己，也常常嫉妒和陷害他人。偏执者并没有与他人合作的意识和能力，只有打败他人，他们才会感到片刻的安全。因此，偏执者往往能够在敌对和竞争中获得能量，为达目的不择手段，他们也确实会超乎寻常地努力完成学业、收获工作上的成就。

很多人在择偶时片面地觉得对方"上进"就是"潜力股"，期待在对方功成名就之时分一杯羹，于是会青睐看起来非常"上进"的偏执者。

上进确实是一种优秀的品质，成为更好的自己无可厚非，但也要看每个人上进的动机是什么。偏执者上进，往往缘于对他人无差别的敌意和仇恨，这种上进的能量如同与恶魔做交易，愤怒和怨恨是偏执者上进的燃料。待功成名就，偏执者往往会过河拆桥、卸磨杀驴，他们往往最为憎恨最初的支持者，觉得这些人从一开始就居心叵测、利欲熏心。

心智健康的人上进，不是刻意为之，而是真心喜欢在某个方面努力，在专注探索中不断成长和向前，在这个过程中与他人合作，收获成就后会表达感恩之情。

如果对偏执者的内在逻辑认知不足，只是"慕强"地择偶，遇到急功近利的偏执者，往往只会被针对性地虐待，结果可能会酿成悲剧。

◆ 头脑聪明，思维敏捷

偏执者往往有着严重的情商障碍，这类人缺乏共情和自省能力，同时这一点又使偏执者在做事的过程中不会也不能顾虑人情世故，更不受道德的约束。因此，偏执者常能不择手段地把事做成，达成目标，给人一种头脑聪明、使命必达的印象。

由于警觉意识十分强，偏执者往往能够快速地应对危机，给人思维敏捷的感觉。

偏执者对自身的利益得失极其在意，会将大部分的聪明才智都花在维护自身利益上。一般情况下，外人无法在偏执者身上捞到什么好处，如果偏执者利益受损，他们会不惜代价地止损，并且对自己认定的"加害者"长久记恨甚至报复。比如偏执者很可能会在婚内反复质疑伴侣的忠诚，监视伴侣的行程，控制伴侣的社交，等到伴侣不堪其扰提出离婚，会发现婚内财产早已被偏执者转移干净。

◆ **谨慎小心，神秘莫测**

如果对偏执者的真相缺乏了解，会觉得平日里独来独往、谨慎小心、脾气古怪、上进、成功以及智商过人的偏执者十分特别，极具神秘魅力。

在社交场合，有些人会被人来疯、爱表现的表演者吸引，有些人会被安静、沉默、看起来神秘内敛的偏执者吸引。偏执者异于常人的思维逻辑和行事方式确实会使其受到一些不了解其行为逻辑的人青睐。

在与偏执者相处的过程中常常摸不着头脑。由于缺乏基础的共情能力，偏执者做事往往出其不意，沟通逻辑也令人诧异，一般依赖性较强、偏爱特别的人或者慕强的人会被偏执者吸引。

以上是偏执者常见的魅力特质，也可以算是"美丽的误会"，不了解偏执者的行为模式，往往会觉得其神秘、独特、有个性、有才能，而了解了偏执者的真实情况，就会明白他们充满敌意、怪异，有情商障碍以及偏执，并不适合与其建立亲密关系以及长久相处。

了解偏执型人格障碍者的特点

偏执者像曹操一般多疑，内心坚信"总有刁民想害朕"，觉得全世界都会与自己为敌、谋害自己，日常对他人往往充满防御、冷漠、孤僻，是极难相处且危险的一类人。

常见的偏执者特征有九个。

◆ 被害妄想

阿亮是一名有着偏执型人格障碍的艺术家，我认识他的时候，他正急着找艺术品制作的合作商。在闲聊中了解到他的诉求，我把他推荐进了我觉得不错的艺术工作相关的微信群。阿亮进群之后，我作为推荐人，向群友们介绍道："艺术家阿亮需要找合作伙伴，有意向的伙伴可以联系他私聊。"群友们热情地对阿亮表示欢迎，真诚地表达自己对他作品的欣赏，并慷慨地分享自己觉得不错的合作商。

这个加群做法在我看来是正常的，却激怒了阿亮，他发私信给我，愤怒地指责我不应该在群里介绍他，因为在他看来，"自己的作品这么有名气，群友一定会眼红，嫉妒自己，分享最坏的厂家给自己陷害自己"。阿亮的过激反应让我感到震惊且无奈，我回复他："如果你觉得群友如此阴暗，可以不与群友合作。"

阿亮给我的印象十分古怪，之后我们少有交集。

没过多久，阿亮又突然发私信给我，大发脾气，表示他看中了一个合作商，但这个合作商近期忙不过来，要过三个月才能与他合作，他要被迫等待。于是阿亮认定是因为我向那个合作商说了他的坏话，出卖了他，"害"得他不能和那个合作商迅速合作。

阿亮这样毫无根据的怀疑以及愤怒的指责，让我觉得他十分无礼。我和他坦言，我不认识他说的那个合作商，也从没有关注过他的工作进程，并没有所谓的"出卖"他一说。但他完全不信，认定我嫉妒他、针对他。阿亮在一番自以为是的激烈指责过后，还没等我回复就把我拉黑了。

阿亮莫名其妙的行为方式让我十分诧异，于是我向同行小兰打听阿亮的情况。小兰告诉我，阿亮经常在公司情绪失控、暴怒，甚至常常突然摔键盘等，起因可能只是同事对工作内容提出了修改意见，而阿亮坚持认定同事有意针对自己。阿亮还到处向同行说同事要算计、谋害自己，还时常扬言要和同事鱼死网破等，公司里的同事都对他避之唯恐不及。

了解阿亮的具体情况之后，我明白了他是典型的偏执型人格障碍者，他的质疑和愤怒皆源于他严重的被害妄想，与事实无关，并且他偏执的敌意所造成的误解无法改观。

偏执型人格，又名"妄想型人格"，这类人格障碍者有一种根深蒂固的信念："这个世界充满了阴谋，人人都心怀恶意，我要保护好自己，必须时刻提防。"他们内在的预警系统十分敏感，哪怕是无关紧要的小摩擦，也会触发偏执型人格障碍者的警报系统，以暴怒与猛烈的攻击来回应。

当然，身处令人紧张的环境、面对充满挑战性的事物以及遇到少见或未知的情况时，我们都会倾向于认为身边的环境是有威胁的，做出带有敌意的阐释。适当地质疑有利于我们了解真相、防范敌人、避开陷阱，提高生存机会。但如果这种怀疑过度且极端，仿佛坏人和危机无处不在，那就陷入了病态的偏执，让我们身心时刻处在草木皆兵的焦虑、恐慌状态。

偏执者"草木皆兵"主要缘于"恐惧他人谋害自己，使自己的利益受损"，所以他们几乎不愿与他人联系，也不愿分享自己的真实信息。偏执者非常担心他人了解到自己的信息后就会用来加害自己，所以总是一副神神秘秘、心事重重、独来独往的谨慎姿态，他们通常也不会有真正信任、长久的友谊和恋情。

◆ 无端攻击他人

正由于有严重的被害妄想，偏执者内心对外界充满敌意和防备，因此有为自己树敌的倾向，他们会"先发制人"，无端攻击他人，以证明自己的敌意和怀疑是"明智"的。

比如前文所述的艺术家阿亮，他总怀疑同事会嫉妒、陷害自己，因此他在与同事交往的过程中充满敌意，常常无端指责、嘲讽或者挖苦同事，甚至故意排挤和疏远同事。而被阿亮针对的同事会明显地感觉到他的敌意和不尊重，久而久之，被针对的同事开始对阿亮产生不满和厌恶，也表现出明显的敌意，私下里也会厌烦地吐槽阿亮。这样一来，阿亮就会觉得自己"料事如神"——同事"果然"想谋害自己，于是他更加坚定地认为同事都是卑鄙的，是需要防范和反击的。

偏执者时常详细地审查每个细节，从他人的日常行为中找到对自己有恶意的证据。比如他们可能会把一个诚实店员的失误理解为蓄意所为，把同事的幽默看成严重的人身攻击，在他人表达友善和忠诚的时候坚定地认为对方"无事献殷勤，非奸即盗"。因此，偏执者在与他人交往的过程中常会"以小人之心度君子之腹"，用最恶意的想法来解读他人的行为，常常挑衅和抬杠，人际关系较为紧张。这种过度的猜疑和敌对的思维定式，让偏执者难以和他人建立信任和合作关系，总是陷入恶性竞争，并且对输赢非常偏执。

◆ 心胸狭窄，报复心极强

偏执者时刻处于高度警惕的状态，全神贯注地提防他人的攻击，并蓄意收集别人的疏忽、怠慢和过错，然后紧抓不放，怀恨在心，伺机报复，并且这种报复永无止境。

偏执者不但难以原谅真实遭受的侮辱、伤害或者轻视，对自己妄想出来的他人的"谋害"之举，也会持久地怀恨在心。因此，偏执者大多时候都是一副不苟言笑、心怀怨恨的状态，私下里对他人的抱怨和吐槽也极多，时常肆意地抹黑"敌对者"。

事实上，往往偏执者才是真正侮辱、伤害或轻视他人的人。他们往往恶意地解读他人的语言和行为，无端地把他人当成假想敌。为了不被他人"算计"成功，偏执者往往会"先下手为强"，先对他人发动无端的攻击。他们认定，只有自己更强势、权力更大、更成功，才能确保安全，立于不败之地。

纵观历史，纳粹领导者希特勒就是典型的偏执型人格发展到极致的一个例子。希特勒的一生都被复仇的冲动支配着，仿佛复仇成了他的心结。复仇的欲望使希特勒冷酷无情、毫无良知,成为二战期间的杀戮恶魔。

回溯希特勒的人生,他的父亲控制欲极强且十分暴力,他从小到大饱受父亲严苛的管教,在日积月累的痛苦中,内心充满了恨意,并且传承了他父亲那种冷血无情的行为模式。

少年时,希特勒梦想成为一名画家,但两次报考维也纳美术学院都以失利告终。落榜后,希特勒成了流浪汉,住在维也纳的贫民窟里。长期生活在饥寒交迫的环境里,希特勒变得越加刻薄、偏激,内心的恨意也更加强烈,他开始憎恨艺术,也憎恨当时控制艺术界的犹太人。

后来,希特勒因为"啤酒馆政变"入狱,写下了他的自传《我的奋斗》,这本书的核心思想就是复仇——让德国从一战的耻辱中走出来,彻底解决与法国的领土纠纷,向东部扩张,占领东欧的土地。复仇也成为希特勒日后上台执政的核心理念和动力,他掌权后便开始虐杀德国以及整个欧洲的犹太人。

整个二战期间,希特勒所表现出的固执、敏感多疑、易怒、毫无自省、睚眦必报的性格,正是偏执狂的表现。在人们尚未看清希特勒的真面目时,会误以为希特勒的这种极端偏执是"另类"的军事天才的表现。幸运的是,并不是所有掌权者都像希特勒这般偏执,否则将天下大乱、民不聊生。

生活中有很多偏执者,不像希特勒这般极端、严重,也没有希特勒那么大的权力能够发起世界性战争,但只要具备一种偏执特质，就足以让与其相处的人痛苦不堪，陷入难以消停的敌对和争斗循环。

偏执者往往对他人的善意视若无睹，却对别人微小的恶意怀恨在心，他们将脑补的外界的敌意转化成无尽的仇恨，然后通过打击、伤害、毁灭等行为方式来表达自己的不满。

◆ 暴躁易怒

当偏执者真实地或者幻想感到自己的人格或者名誉受损，他们会迅速地产生攻击反应。

偏执者这种易变的情绪反应和边缘者相似，只是两者动机不同：当边缘者感到对方有与自己分离的苗头时，会瞬间产生恐惧和暴怒反应，而偏执者则是在感到对方怠慢自己或者对自己有敌意才会瞬间暴怒，并固执地认定对方在故意挑衅和陷害自己。偏执者对自己的病态敌意十分笃定，完全无法看见和理解他人的实际情况。

易怒是偏执者是危险人物的主要原因。愤怒状态下的偏执者可能会出现短暂或者持久的精神失常反应，在这个过程中，他们往往会失去理智、逻辑混乱、攻击性极强，他们可能会用辱骂、嘲讽、否定的方式攻击自认为的敌对者，甚至可能出现暴力行为，比如摔东西或者殴打对方，因此偏执者常常会因为情绪失控导致的行为失控惹上官司。

◆ 嫉妒妄想

偷偷翻看伴侣的短信、通话记录、聊天记录，私自删除伴侣异性朋友的联系方式，将伴侣与异性之间的正常交流或者无意的对视看作"出轨"的标志……在亲密关系中，偏执者会时刻处于高度戒备状态，怀疑伴侣不忠，尽管他们毫无事实依据。

一开始，偏执者的伴侣也许会以为他们对自己的猜忌和监控是因为吃醋、太在意自己、太害怕失去自己。这种看似醋意的占有欲也许会带来一些情趣。但渐渐地，偏执者的伴侣就会发现无处不在的嫉妒和敌意让自己不堪其扰。偏执者可能会一遍又一遍愤怒地质问："你是不是出轨了？""你到底还爱我不爱我？""你和异性聊了什么？你为什么要回复？""他不是什么好人，你为什么要一直接触？"等等。无论伴侣如何自证清白，偏执者都坚信对方背叛了自己。

由于极端的内在敌对，偏执者不相信他人会无条件地爱自己。很多偏执者会觉得，他人与自己建立亲密关系是因为他们"图谋不轨"。所以，偏执者一直处于戒备状态，无论是对个人信息、工作还是资产，偏执者都会对伴侣极其防备和隐瞒，并且由于自己幻想的"不忠"，攻击和虐待伴侣。

◆ 控制欲极强

偏执者坚信自己处于危机重重、四面楚歌的世界，所有人都是坏的、邪恶的。为了守护自己的安全、避免被他人伤害，偏执者对外界和他人会表现出较强的控制欲，以便自己随时处于可以反击和报复的状态，比如前面提到的监控伴侣的行程、不断收集朋友和同事对自己怀有恶意的"证据"，或者在社交过程中过度隐瞒自己的真实信息。

偏执者的控制欲还体现在热衷于把自己的想法强加给别人，要求他人按照自己的想法行事。在偏执者的世界里，只有他们的偏激逻辑是正确的，其他人都必须服从、讨好他们。如果有人提出了不同意见，就有可能被偏执者视作冒犯和敌对行为，偏执者会立刻回击，开始否定，甚至激烈地警告和威胁对方，直到对方妥协为止。

由于偏执者因外界的不安全性而过度恐惧，久而久之就形成了一套强大却偏激的自洽逻辑。他们很难客观理性地分析问题，也缺乏现实的适应性，因此没有接纳差异的能力。面对他人的不同想法，偏执者往往反应过激。

偏执者也很擅长用质疑来操纵他人。他们不断地无端质疑他人会伤害自己，本质上也是提前表示警告，这会激发他人不断表明、证明自己的忠诚、善意和无辜，让他人掉入"自证陷阱"，并允许偏执者进行搜证、监控和边界的入侵。

◆ 妄自尊大，固执，刻板

偏执者往往会没有根据地高看自己，轻视他人。为了彰显自己的聪明、与众不同，偏执者会无休止地与他人发生争斗和冲突，并执意在争斗中获胜。

偏执者热衷于反驳和否定，几乎到了为了反对而反对的程度，比如他们会说"你别和我刚，你说的本来就是错的，我在告诉你什么是对的"或者毫无理由地反对、否定他人的看法，甚至会从他人的话里挑错，引发冲突，仅仅是为了在无端的争辩中获胜，找到"赢"的感觉。

偏执者如此偏激地妄自尊大，想要获得权力、站在高位，是因为他们认为，只有站在高位才能不被伤害、不受歧视、确保安全。也就是说，偏执者努力成功的动力源于他们内在的极不安全感和自卑、恐惧。

无论妄自尊大还是极度自卑，都反映了偏执者对自身能力和现实的认知不足。对自我形象的不认同以及臆想外界和他人对自己的恶意时，偏执者的优越感会立刻消失，随之而来的是强烈的羞耻感、愤怒和自卑。

也正是因为对自身能力的认知不足，偏执者关闭了所有与现实外界的联结，执着地沉浸于自己的偏激观念和逻辑，表现出异常的固执己见：只要是他们主观认定的事，无论他人如何证明事实不是他们所想的那样，他们都不会相信。

◆ 缺乏同理心和自省能力

由于思想偏执、过度的被害恐惧以及缺乏现实适应性，偏执者无法正确地看待自己，也无法正确地看待他人，他们沉浸在内心的敌意和怨恨中，无法理解他人的真实感受和真正的行为动机。

偏执者也缺乏自省能力，他们会将工作、生活以及人际关系中遇到的挫折全部归咎于他人，并且会扭曲地给予他人脱离实际的消极评价。

与偏执者争执，几乎都要以他人道歉来收场。偏执者不会觉得自己有任何问题，更不会愿意道歉，即便偶尔在小事上道歉，他们也是以敷衍、逃避问题的态度来表达，如果他人不能很快地接受这种道歉，偏执者就会表现出不耐烦和愤怒，评价他人为"无理取闹"。

◆ **高共病率**

偏执者往往容易患心理疾病，比如抑郁症、躁郁症，也容易产生社交恐惧，患上广场恐怖症的风险也比较高。

最常与偏执型人格障碍同时出现的有自恋型人格障碍和边缘型人格、回避型人格障碍、分裂型人格障碍或者分裂样人格障碍。

以上就是偏执者的九个明显特征，稳定具备其中三个以上的特征就说明这个人很可能就是偏执者。由于偏执者缺乏同理心和自省能力，又总要在他们主观的对错认知上固执地求胜，所以他们基本不会觉得自己有任何问题，也拒绝看心理医生，人格障碍难以改善，更不会被他人改变，他们是极其危险的人。

如何摆脱隐性控制

与偏执型人格障碍者相处的合适边界

偏执者明显不好相处，又容易妄想和记仇，在与其相处的过程中消耗性的体验较多，如果想要在初识阶段就敏锐地识别他们，就需要把人格健康看得比才能和地位更重要，尽早与偏执者保持安全的距离，不要与其过多地交集。

如果你已不幸与偏执者进入亲密关系，想要与偏执者安全地分离，以下是几条建议。

（1）了解偏执型人格障碍者的真相，坚定自己离开的决心。

许多长期与偏执者相处的人因为长期受虐，变得对偏执者万分恐惧，不敢与其分离。也有许多人自身有分离焦虑，迟迟下不了决心斩断与偏执者的病态关系。还有部分人贪恋与偏执者热恋时的短暂美好，怕找不到更好的伴侣而下不了决心离开。

请详细地翻阅我对偏执者的解析，了解偏执者的危险，接受偏执者几乎不会改变这一现实。也请翻阅本书中对于"习得性无助"的讲解，放下自己能够治愈偏执者的不切实际的执念，也放下害怕他人眼光和评价的恐惧，更要放下对偏执者能力和地位的迷恋。请了解，极端防御的偏执者并不会与你分享利益，很可能还会算计你的价值。请明确，你的身心安全只有自己可以守护。

如果无法下定决心与偏执者分离，那么后面的几条建议都于事无补。

（2）将自己与偏执型人格障碍者的关系处境告知信任的家人或

3 你是不是想害我？与偏执型人格障碍者的日常

朋友。

与遇到其他类型的人格障碍者一样，决心离开之前先告知信任的家人或朋友自己的真实经历和面临的风险，这样在身心安全上都能够获得一定的人际帮助和支持。

面对分离，偏执者很可能会出现语言暴力或者行为暴力，将原因认定为对方背叛了他们。这个时候不要急于解释，因为偏执者不会听取也不会相信，在偏执者情绪失控的状态下，不要给予他们过多的回应，尽可能快地离开只有彼此的现场。

很多新闻报道中提到有偏执型伴侣的受虐者，他们长期遭受着偏执者的身心暴力，因为怕家人或朋友担心而一直不敢告知实情，最后没能逃过偏执者的重击，付出了惨痛的代价。

如果在偏执者信任的直系亲属中有能够沟通的对象，也可以尽早与其说明情况并打好招呼。偏执者通常只会信任极个别直系亲属，对外人充满防御，他们所信任的直系亲属的规劝会比伴侣或者朋友的规劝有效。当然，也要耐心识别，若偏执者的直系亲属也患有偏执型人格障碍，千万不要向其求助。

（3）慢慢淡化与偏执型人格障碍者的联系，如果你遇到的偏执型人格障碍者偏执程度较严重也较为暴力，不建议突然与其分离，以免过度激怒偏执型人格障碍者。

如果你与偏执者已经建立长期的亲密关系，偏执者很可能已经把你当成自己的"私人物品"，也可能在你的人际关系上对你进行了一些监控和其他控制，比如限制你的人际交往、对你的人际关系做出了一定的破坏、对你的监控已经成为习惯等，那么你需要找到一些借口来与他慢慢疏远，比如借口自己得了抑郁症、传染病、需要回家处理事务等。

由于偏执者过度谨慎和防御，喜欢独来独往，你也可以尝试扮演非常黏人的伴侣，一直电话轰炸、疑神疑鬼、提出一堆亲密需求，让他厌烦，也可以弱化他的占有欲，以引导他主动地与你分离。偏执者多疑、报复心极强，与其分离会引发其嫌恶，请避免与其纠缠。

在这个淡化关系、与其分离的过程中，你的内心要坚定，不要面对分离又忽然反悔，找诸多借口逃避分离或者贪恋偏执者的能力和地位。

（4）关系淡化后尽量不要回应偏执型人格障碍者的消息，保存录音和录制视频作为证据。

面对你的分离和失控之举，偏执者会强烈地想要恢复对你的控制，做出攻击、威胁或者挽回、认错的反应，这个时候你要扛住压力，不要心软，坚定自己的分离决心，减少回应，不做辩解，继续减少自己与偏执者的联系。

在分离过程中，如果偏执者时常有情绪失控的过激言论或者行为暴力，要及时录音或录制视频，留存证据，以备不时之需，维护自己的权益。

（5）确定分离之后，不要回应与联系偏执型人格障碍者。

如果是偏执者主动嫌恶和疏远你，那么是你的幸运，不要一直纠缠和解释，请意识到你与偏执者无法达成互相理解这一现实。

与偏执者分离后，如果他四处抹黑你，请尽量不要回应，也不要与其对着干，以免进一步激怒对方使其做出失控行为。在自己的社交媒体和人际圈也应谨言慎行，淡然度过分离期。在这个时期，偏执者往往会采取行动反复想要恢复对你的控制，指责你，请不要回应，他的执念才有可能有所减弱。

如果你的行程和通信方式被偏执者监控，彻底更换也是较为安全的选择。其间，如果偏执者出现危险的行为反应，也要及时取证以及寻求有关部门的帮助，不要因为偏执者的威胁而妥协、受控，这会助长偏执者的掌控欲。

（6）持续接受心理咨询。

持续接受心理咨询有助于疗愈偏执者带给你的心理创伤，获得专业的支持和帮助，重新建立自尊和自爱，强大自己的内心，坚定分离的决心，根据偏执者的具体情况制定安全的分离策略。

如果你还没有下定决心与偏执者分离，或者在生活或工作中难以避免与其交集，那么就要掌握与偏执者安全相处的策略。

（1）不要向偏执型人格障碍者说带有人身攻击的话，也不要谈论自己的感受。

向偏执者表达不满和愤怒的时候，不要进行人身攻击，比如"你这种人格就不配恋爱""和你在一起是我最糟的决定""你一无是处"等。带有人身攻击的消极评价会激化偏执者的仇恨。请重视：偏执者的报复行为缺乏理性，可能会让你陷入险境。

也不要与偏执者过多地谈论自己的感受，因为他们缺乏共情能力，抵触"脆弱感"，与他们谈论感受可能会因他们的粗暴回应而受伤。比如向偏执者表达"你这样苛责我，我很受伤""你如此不相信我，我很难过"，这种感受式的沟通话语，偏执者是难以理解且较为抵触的，更危险的是，偏执者很可能借此了解到你的脆弱点，之后针对你的脆弱点发动攻击。

一般情况下，与人沟通的过程中不给予对方消极的评价是一种非常友善且正向的沟通，但这样的沟通在偏执者那里行不通，因为偏执者缺乏共情能力，会把你分享的感受当作敌对、指责的信号。

向偏执者传递信息时要明确地描述他们的行为，直接地表达不认同，比如"你一直认为我家人对你有偏见，我不认同""你总是怀疑我出轨，毫无事实根据""我不想再和你讨论谁对谁错的问题了""这个方案目前行不通，需要修改"等。明确地描述偏执者的行为，表达要暂停或者制止其行为的想法，更能够缓解偏执者的过激行为，避免他们胡思乱想，不要说一些模棱两可或者委婉的话，偏执者无法理解语言的引申义。

（2）偏执型人格障碍者对你产生误解后，请不要急于辩解和证明，避免掉入自证陷阱。

与偏执者交往，经常会感到烦躁、疲惫，不知道哪句话或者哪一个举动就不经意"得罪"了他们。当偏执者强烈指责或猛烈攻击你的时候，请不要急着争辩，也不要试图纠正他们的观念，因为他们极端自以为是，不会听你的，他们指责、抬杠往往只是为了引起他人的重视，这时不回应就是最好的回应。等到偏执者情绪稳定下来后，再转移他的注意力，引导他做一些舒缓和放松情绪的事情。

确实，在矛盾发生的时候，任何人都不愿意被对方毫无根据地指责，因此，在不触及底线的前提下，你需要有强大的心理素质，才能淡定应对偏执者的猛烈攻击，不予解释或对抗。

（3）特别地对待偏执型人格障碍者，不要让他感觉自己被轻视。

如果你选择与偏执者继续相处，就要一味地迎合他极其敏感和脆弱的自尊，在交往过程中要使用尊称和礼貌用语，介绍他们的时候不要出错或者有所疏忽，及时回复他的消息，不要轻易打断他的话，也不要表现得过分热情……与偏执者相处如同与虎谋皮，你需要非常谨慎小心地给他们特别的礼遇。

（4）保持适当的距离，避免完全疏远。

如果明显地疏远或者排挤偏执者，偏执者会理解为你看不起他、轻视他，进而对你记恨在心。也不要与偏执者过分亲近，他会觉得你图谋不轨。

与偏执者保持定期的联系，交往过程淡如水为佳。

（5）寻求偏执人格障碍者所信任的直系亲属的帮助。

由于偏执者极端多疑，难以信任他人，不会接受任何善意的忠告，所以最适合调节与引导偏执者的人非其直系亲属莫属。

若偏执者的直系亲属具备正常的沟通和理解能力，你可以向其讲解偏执者的问题，促使其劝说偏执者意识到自身的问题，尝试接受心理治疗。

(6)定期接受心理咨询。

长期与偏执者相处，受虐者的身心健康消耗极大，定期接受心理咨询或者治疗，有助于受虐者舒缓情绪，了解目前真实的处境以及优化应对偏执者的策略。

请意识到偏执者具有较大的危险性，尽早与其保持安全距离。

4

你只是工具人！

与反社会型人格障碍者的日常

How to
Get Rid of Implicit Control

为了钱，和不爱的人结婚；觉得同事"过于"善良，就无所不用其极地中伤和构陷同事；仅仅因为"无聊"就欺骗、诱惑他人，用扰乱他人生活的方式来打发时间；为了可以测验他人是否好控制，假扮成专业的医师或者金融人士一本正经地胡说八道……

在这个世界上，有些人终其一生都没有良知以及共情能力，只会把他人当成满足自己权力和欲望的工具，以摧残和玩弄他人为乐，这种极具毁灭性的人格正是反社会型人格。

反社会型人格障碍又名"精神病态""道德低能"，这类人最大的特征就是没有任何怜悯之心和愧疚感，在道德和情感上接近"白痴"的状态。

反社会型人格障碍者（书中简称"反社会者"）易违法犯罪，并且通常没有正当理由，面对审讯会表现出一副满不在乎的态度，比如无缘无故地炸毁邮局，只为了看看里面的人慌乱、痛苦，以此来打发时间，体验操控的乐趣；与他人建立不正当的性关系，只为了拿到一份伪造的文件；将医院病房里的病人害死，只为了空出床位；等等。反社会者漠视情感和生命，与正常人有着根本的区别。

反社会者不全都违法犯罪。日常生活中就有许多隐蔽的反社会者，他们可能看起来家庭美满、事业成功、没有暴力倾向，在许多方面都与常人无异，与其相处初期可能难以察觉他们的异常。但这些隐蔽的反社会者往往会欺骗、掠夺、漠视、剥削和贬低他人，不择手段地达成自己的目的、满足自己的欲望，并且不会感到良心上的不安，只留下受害者独自面对无尽的困惑与绝望。

在我的咨询者中，因为遇到反社会者而患上严重身心疾病的不胜枚举。对于许多富有良知和道德感的正常人来说，无法脑补也无法理解没有良知的人是怎样的，也不知道那类人会有怎样的行为逻辑。在非常懵懂的情况下受害，等到反应过来，明白对方的邪恶行径，往往已经损失惨重。

与反社会型人格障碍者相处时的感受

我们常常意识不到也分辨不出身边真实存在的大量非暴力型反社会者，他们不会公然违法，但能够狡猾地游走在法律的边缘，逃脱法律的制裁，他们也不在乎道德伦理的约束，为达目的往往不择手段。如果他们出现在我们的人际圈，会给我们带来不小的麻烦，等我们意识到对方的邪恶和危险的时候，往往已经付出了难以估量的代价。

我们绝大多数时候想不到"成为一个杀人如麻的暴君"和"毁谤同事"之间有什么联系，但这两种行为的底层逻辑是一致的，那就是两者都缺乏一种自我惩罚的内在机制。也就是说，做出这两种行为的人都不会因为自己违反法律或者不符合道德伦理而感到愧疚。

有无良知是一个人是否具备人性的一个重要标准。不论是无所事事只吃软饭的寄生型反社会者、赚黑心钱的诈骗型反社会者，还是巧取豪夺的资本家型反社会者，他们的区别无非是他们在欲望、智力、社会资源或者机遇方面有所不同，而本质上，他们的行为逻辑都一样冷血无情、控制欲和掠夺性强，都一样充满危险。最佳的防御之道就是拓展对反社会者的认知，了解这些不具备基础人性和良知的"掠食者"的本性，并且相信自己的真实感觉和直觉。

◆ **不安与恐惧**

很多人都难以应付反社会者强烈、不带感情或者"掠食性动物"一般的凝视。如果遇到了一位反社会者，我们会感觉自己就像猎物，反社会者如同"猎人"般的眼神和行为都散发着令人不安的诡异气息。

反社会者缺乏同情心和同理心、不负责任，容易表现出攻击性，做出欺骗的行为，并且无视他人的情感和需求，这也很可能会让我们在与他们交往的过程中感到不满、焦虑和害怕。

交往初期，反社会者可能会通过展示魅力、美色以及装可怜来对我们进行操控，以达到他们自己的某种目的，但如果这些招数都失灵了，那么他们通常会拿出自己的必杀技能——恐吓。恐吓是反社会者最在行的操控方式，他们通常会耐心地观察我们的恐惧并加以利用，比如威胁孩子的生命安全、控制我们事业的成败或者泄露我们想隐瞒的秘密等。反社会者不会有任何怜悯之心，不会对我们"网开一面"，也无惧我们的威胁，这种冷血、异常和狠辣的做派也会让我们感到惶恐。

反社会者中，有暴力倾向的那一类会让大多数人感到恐慌，这类人会做出许多极端的危险行为，比如家暴、强奸、连环杀人等。

如果你和一个人在一起时持续感到不寒而栗，请相信并尊重自己的直觉，耐心地探究自己恐惧的源头，这很可能为你尽早地识别危险的反社会者提供明示。

◆ 愤怒与厌恶

当一个人的行为违背我们认可的普世价值观或者基础的道德规范，或者让我们感到受伤以及耗损，我们多半会感到愤怒、厌恶，比如虐杀动物、破坏公共财产、对自己的孩子生而不养、背后毁谤、欺诈、陷害同事甚至残害他人生命，等等。反社会者会表现出的这类冷漠、不负责任、欺骗、操纵、残害等行为，都会让我们难以抑制地愤怒和厌恶。

由于缺乏同理心，反社会者完全不在乎他人的感觉和生命安全，在人际交往中会让人感到无礼、冒失，反社会者往往难以掩饰的内在敌意以及攻击性也会让人反感。

当你无法抑制地对一个人产生厌烦的感觉，并且对方对你的厌烦满不在乎时，这也是一个值得注意的危险信号。

◆ 孤独与困扰

绝大多数的反社会者没有成为社会新闻头版头条所报道的那些杀人狂魔，只是非常隐蔽地遍布我们四周：他们可能是把孩子当成赚钱工具的母亲、故意打击脆弱无助的病人的临床医师、勾引并操纵恋爱对象的"海王""海后"、骗人投资然后消失得无影无踪的商业伙伴、当面一套背后一套的"朋友"……由于反社会者缺乏共情能力，所以与其交往的人必然会感到孤独，这种永远无法与其建立情感联结的孤独是无法化解的。尤其是当我们了解到反社会者与我们成为朋友或者恋人只是为了谋取利益，我们会感到更孤独和绝望。

长期与反社会者相处，我们会发现一个真相，那就是，反社会者只把我们当成"工具人"，如同一个可利用的"物品"或者"棋子"，而不是一个有独立意识、丰富情感的有生命的个体。被长期物化对待的我们，很可能会对自我价值产生怀疑，也对人与人之间是否存在感情和信任感到怀疑。

由于反社会者天生不具备正常的情感能力，脑部缺乏对应的共情神经系统，我们无法焐热他们的心，也无法唤起他们的良知和愧疚，面对他们的无情和残忍，孤独和困扰会与我们如影随形。

◆ 无助且痛苦

那些成为反社会者袭击目标的人或者与反社会者起冲突的人，意识到所面对的是一个反社会者的时候，往往为时太晚。因为正常人难以想到反社会者的思维逻辑，也无法脑补他们所能做出的事情的恶劣程度。

我的咨询者小童就遇到过患有反社会型人格障碍的同事，那是一段时隔多年令她回想起来依然感到后怕的经历。

小童是一个品学兼优的女孩，硕士毕业后入职了一家传媒公司。因为她对社会热点内容和大众心理感知敏锐，又善于沟通和叙述，实习中亮点报道频出，加上小童工作态度也勤恳努力，实习期原本三个月，但她只用了一个半月就转正了。

小童转正之后没过多久，就发生了让她感到棘手的问题。一开始，小童发现自己的电脑文件经常被调换位置，因为没有丢失，所以小童没有太在意，想着可能是自己忙得忘了。直到后来在一次会议上，小童发现自己的方案与同事小婷的方案内容相似，才开始确定有些不对劲。由于两个人的方案类似，且双方都坚持说是自己的原创，公司无法评判是谁抄袭了谁，这件事也就暂且搁置，两个人的方案都没有被采纳。小童一度认定是小婷偷偷看了自己的电脑文件然后抄袭，但苦于没有证据。

小婷的工位就在小童的工位附近，平日里对小童也很友善，日常吃饭、喝下午茶，小婷都会邀约小童，两人原本是关系较好的同事。自从那次方案类似事件发生后，她们的关系变得紧张，也没有再多接触。

后来，公司传出了小童抄袭小婷方案的流言蜚语，同事们都暗暗议论小童偷看小婷的电脑文件。这件事引起了公司领导的重视，于是人事总监找两人谈话，并告知，如果其中一方抄袭了另一方的

如何摆脱隐性控制

方案，需要及时地坦承并道歉，公司将不予追究。而两人都坚持方案是自己原创的。小婷表示，方案是自己和同事小凯从零开始探讨出来的，小凯可以做证。她还向人事总监表示自己的电脑被人动过，很多文件都不在原来的位置了，她怀疑这事是小童干的。小婷的反应让小童十分震惊，她觉得小婷恶人先告状，并表示自己的电脑也被人动过。但由于小童的方案是独自创作，没有证人，所以无法进一步证明自己方案的原创性。小童感到非常无奈。

后来，公司让网管检查了两人的电脑，发现有监控软件正在运行。这个监控软件运行得十分隐蔽，旁人不花费心思难以察觉。经过网管的耐心排查和检修，发现监控小童和小婷电脑的正是那个叫小凯的同事。当人事总监责问小凯入侵同事电脑的用意时，小凯只是满不在乎地表示自己只是单纯对软件好奇，"随意"安装的。小童无比意外，因为她与小凯并无多少交集，只是入职的时候小凯帮忙调试过她的电脑，想必监控软件就是那时候小凯安装的。

后来，真相大白，动小童和小婷电脑的人是小凯，小凯一直暗中偷看同事们的方案。小凯还给小婷做过诸多暗示，以探讨的名义让小婷按照与小童方案类似的内容去创作，最后造成了小童和小婷反目，也让小童背负了长达数月的舆论压力，差点不堪受辱而离职。

小童联系我的时候，表示自己不知道哪里得罪了小凯，要被他如此针对，也不知道小凯这么做对他自己有什么好处，小童常常在噩梦中梦到小凯对她穷追不舍。

我想，小童并没有做错什么，仅仅是因为小童遇到的那个叫小凯的同事大概率是一个反社会型人格障碍者。小童在公司的表现太优秀了，引起了小凯的病态嫉妒，小凯的目标很可能就是"除掉小童"。为了达成这个目标，小凯充分展现了反社会者的行为逻辑：在同事的电脑里违规安装监控软件，监控同事的工作内容，窃取同事的工作成果；操纵同事小婷的决策，按照小童的方案逻辑提示小婷，让小婷觉得方案是自己想出来的，借此挑拨小童和小婷的关系，同时让小童的工作和名誉受损。好在最终真相大白，小童和小婷恢复了友好的同事关系，小凯也被公司辞退了。小凯之所以冒着被辞退的风险做这些违规的事，损人不利己，主要在于小凯是一个反社会型人格障碍者。

反社会者的行为逻辑往往让人难以捉摸，受困者甚至会产生深深的自我怀疑，怀疑自己是否过度多疑，而这种自我怀疑会让人深深地陷入难以解除的压抑和困惑，难以与他人说明白，因而感到非常无奈。

大部分时候，一个反社会者在他原形毕露之前早就被人怀疑过了，只是每个质疑者都会经历长时间的困惑，即便与他人分享，也不知道要从何说起、如何求助，于是，质疑者往往会陷入长时间的困扰和痛苦。

遇到反社会者，我们会感到莫名的恐惧和危机，不知道自己面对的是个什么样的"东西"，他们看起来很像人类，但是缺少了一些"人性"，反应和行为也十分异常，常常让我们难以理解。直觉会持续地给我们暗示，对方是危险人物。

如何摆脱隐性控制

为何受困于反社会型人格障碍者

看完前面的内容，也许你会觉得反社会者大概没有朋友和伴侣，然而，现实是，许多人都会为反社会者着迷，反社会者的那些危险特征同时也是他们的魅力所在。

◆ 外在条件优越

反社会者常见的一个优势就是魅力四射，他们能说会道，很懂性诱惑也很风趣，往往会在交往初期表现得随性、热情。这种魅力的展现时常伴随着一种浮夸的自我价值感，比如对方会信誓旦旦地说"总有一天这个世界会见识到我的不凡"或者"遇到我之后，你会发现其他异性都黯然失色"等。最初我们会觉得对方自信、有趣，但回头想想也许又觉得十分可笑。

反社会者尤其吸引一些以貌取人的人的关注，如果一个反社会者天生丽质或者后天整形成功，那么他会最大限度地利用自己的外貌资源猎取利益。反社会者十分善于利用"潜规则"来达成自己的目标，比如靠出卖自己的身体获得财富、地位或者权利。没有良知的人有一种能感知哪些人无法抵抗性挑逗的神奇嗅觉，色诱是反社会者常用的一种招数。对于绝大多数人而言，性关系不免会牵涉感情，哪怕是露水情缘。而这个情感需求会被冷酷无情的反社会者拿来利用，攫取自己想要的利益，且不会为情所困。

当然，我们有时难免不自觉地用长相来判断一个人的品性好坏。

然而生活中那些真正的坏人都不会在额头上写上"我是坏人"四个字，他们的外形往往与我们没有什么区别。

如果只看重他人的外在价值，比如外貌、才华和财富，而无视其内在人格是否健康，那么在交友和择偶的过程中就很容易遇到我在本书中所解析的大部分人格障碍者，遇见反社会者的概率也会很高，因为反社会者"为达目的，不择手段"的行事风格让他们多半能够通过非常规手段取得一些成功和财富，这会使得他们的外在价值高且充满强者魅力，容易让慕强者沉迷。

◆ 演技超群

聪明的反社会者往往有着专业演员一般的演技，他们能够收放自如地模仿正常人的各种情绪和情感，用精湛的演技展示深情款款、热血、爱国、害羞、悲伤、难过等情绪，只要他们觉得有必要，随时都可以流泪，也能随时停止哭泣。反社会者拥有精湛的说谎技巧，在扯谎过程中没有一丝罪恶感，也不会有任何肢体和表情上的破绽。他们会利用自己的演技和谎言来迷惑他人，比如扮演受害者、权威人士或者难以被人戳穿的角色（比如慈善家）。

一个恶劣行为被发现，反社会者很可能会立刻表现出可怜无助的样子，因为他们很清楚，有良知的人很容易出于同情心而被操控，放过他们一马。如果装可怜这招没有用，反社会者会立刻转变为愤怒的样子，开始威胁和指控他人，仿佛自己是被冤枉的。反社会者这种出神入化的演技，往往会把对他们认知不足的人弄得晕头转向。

我们不难想象，反社会者面对上司时极尽阿谀奉承，以此顺利获得提拔，转身又会嘲笑上司是个蠢货，根本不配坐在比他们更高的位置上，因为他们根本不会对任何人抱有感恩之心；反社会者面对伴侣时一副深情款款的样子，顺利获得伴侣的青睐以及伴侣一半甚至更多的资产后，转身又会轻蔑地认定伴侣是个傻子，暗暗算计伴侣的其余资产，因为他们根本没有爱的能力。

反社会者的演技和谎言有一种不可低估的社交魅力，当他们可以靠这些魅力达成自己的目时，便会把这一魅力施展到极致。这种魅力伴随着无惧违背道德或者法律的"胆量"和"魄力"，深深吸引着慕强者、压抑者和自卑者。

◆ 刺激诱惑

与反社会者交往时冒险刺激的体验也会让许多人着迷。古今中外的史书和文学作品中有不少人为邪恶者的花言巧语或个人魅力所控制，以至于毁灭他人的故事。危险感本身就极具吸引力，能够为我们平淡的生活增添刺激。正常人偶尔也会尝试冒险，比如看恐怖片、坐过山车或者蹦极，反社会者也能够带来类似的刺激体验。

反社会者比正常人更加渴求刺激，他们经常不顾自身安危做出危险的举动，或者在生活中、工作上、社交圈、财务上铤而走险，也会鼓动他人一起这么做，比如他会充满激情地说："把油门加到最大，让我们看看你的车到底能跑多快吧！""我们不付钱就冲出餐厅吧！""我们今晚就刷你的信用卡直接飞往巴黎吧！""让我们活出一些自我吧！""把公司的账目改成你我所希望看到的那样吧！"反社会者就像亚当和夏娃遇到的那条蛇一样，常常诱使、哄骗和蛊惑他人铤而走险。受邀参加一场冒险、与一位不断做出超常选择的人交往、与富贵险中求的"成功者"为伍，都可能是受困于反社会者的开始。

如果你幸运，只是与反社会者擦肩而过，有惊无险；如果你运气不好，就会成为反社会者蛊惑下的受害者，即将承受难以预计的损失。

◆ 捕猎者的魅力

反社会者对正常人的了解往往比正常人对他们的了解多。我们大部分人都会默认良知是人类共有的东西，天生具备良知能力的人无法脑补没有良知的人是什么样的，即便遇到了缺乏良知的行为，也只是感到困惑，误以为对方一定有苦衷才会这么做。也就是说，我们难以发现谁没有良知。但是，没有良知的人立刻就能识别谁比较正派、谁比较容易相信他人、谁同情心泛滥、谁比较贪财等，并加以利用，以达到自己的目的。这是反社会者最危险也最有迷惑性的地方，他们往往非常擅长利用他人的弱点。

反社会者把一个人当作一枚有利用价值的棋子时，就会琢磨这个人，精心地研究如何操纵这个人，而且为了达到这个目的，还会研究如何奉迎、哄骗、诱惑这个人，懂得什么情况可以扮演受害者、什么情况可以扮演拯救者，以增进彼此的亲密度和信任。即便反社会者达成目的后抽身，受害人可能还是会时常想起那些"甜蜜"的过往，甚至希望自己仍然有利用价值，好继续被利用。也就是说，弱点越突出，受害者对刻意靠近的反社会者就越容易产生逃避现实一般的情感依赖。

受害者之所以会一再沉迷于反社会者或者"谅解"反社会者，是因为两者的心智有根本的不同，反社会者的思维逻辑和行为模式完全超出正常人的经验范畴。

"全部都是假的吗？这些恶劣行径真的都是他干的吗？"受害者往往会感到匪夷所思，自己迷信的那些权威人物、乐于助人的邻居、父母、伴侣或者朋友竟然能冷血无情地做出那么多令人发指的事情。知道真相的瞬间，受害者往往会颠覆所有的认知，心理严重受创，甚至可能会患上斯德哥尔摩综合征。

◆ 青睐"特别"

思维和行为都异常的反社会者往往能吸引那些渴望用特别的方式来证明自己价值的人，因为那些人就喜欢"特别"的人事物，在他们能建立真正的内在自我之前，各类型的人格障碍者尤其是反社会型人格障碍者会是追求"特别"的人的沉迷对象。

警惕身边的反社会型人格障碍者

反社会者对他人的伤害深远且持久，他们可能会损害我们的人际关系、榨干我们的财产、妨碍我们取得个人成就、伤害我们的自尊，甚至毁掉我们的安宁生活。究其原因，可能仅仅是反社会者觉得"无聊"。如果不能尽早地识别反社会者，后果将不堪设想。

我们偶尔也会有反社会行为的念头，比如害怕承担某些重大的责任而撒谎、逃避，为了满足自己的欲望而跳过正规程序投机取巧，或者为了贪一些小便宜而违背一些原则，等等，但我们往往能够意识到这些行为是不对的，可能会给他人造成伤害或者损失，因此我们会克制自己邪恶的念头或者行为，即便做了，也会感到不安和愧疚，想要尽可能地弥补过失、承认错误，这就是我们绝大多数人天生就拥有的"良知"的表现。而反社会者非常特殊，他们缺乏良知以及情感能力，做事不受道德和法律的约束，也不会产生愧疚感，他们脑部的情感反馈系统是异常的。

接下来，我来介绍反社会者的八个特征。只要稳定地符合这八个特征中三个以上，这个人就有可能是反社会者，长期与其长久相处将会面临危险和痛苦。

◆ **无法遵守社会规范**

反社会者通常在少年时期就会表现出一定的品行障碍，比如没有正当理由地虐待动物或者攻击他人、破坏公共或他人财物、欺诈、盗窃、骚扰他人、玩弄感情、从事非法职业等。他们可能时常去少管所经受"管教",但屡教不改,因为他们永远都不认为自己应该为惹出的麻烦负责。

反社会者大多从少年时期开始就对所在文化及社会环境的道德约束以及法律法规毫不在意,给人胆大妄为、叛逆无度的感觉,并且他们对自己造成严重后果的破坏行为没有任何情感反应,甚至连恐惧惩罚的情绪都没有。他们的心理存在着巨大的空洞,缺失本该是人类大脑功能中高度进化的情感能力。

也正因为反社会者缺失情感能力,他们需要更多刺激才能"打发无聊和空虚",因此他们往往会对冒险行为上瘾。而挑战社会规范、违背道德、违反法律的诸多行径,对他们来说是增强刺激感的有效方式。

成年后的反社会者也常会用违规操作和挑战法律来达到自己谋取利益或者打发无聊的目的,并且手段更为隐蔽、娴熟。

◆ 惯于欺诈和操控他人

"他为什么要欺骗我?他有什么苦衷吗?"那些曾被反社会者欺诈的受害者往往十分困惑,觉得自己与对方无冤无仇,不明白为什么对方要欺骗自己、伤害自己。更令人困惑的是,许多时候反社会者百般撒谎,并没有捞到什么实质的"好处"。

良知正常的人往往难以理解反社会者的行为逻辑,因为大多数时候反社会者用欺诈的方式坑害他人,仅仅是为了打发他们的病态无聊。他们可能会愚弄那些受过良好教育的公司职员和拥有亿万身家的老板，把这些富有学识或精于世故的人唬得晕头转向，然后躲在他们背后轻蔑地看笑话；他们可能会左右公司的重大财务决策，以不法手段将公司的资金转化为他们个人的，没有任何的愧疚和恐惧；他们可能会操控和玩弄感情，以获得金钱、权力或者性满足等，为自己成功地征服和剥削他人感到十分骄傲……如果有人发现了他们的恶劣行径并严厉地指责，他们可能会立刻装可怜，表演无奈和悔恨，试图操控发现者使其不要揭发自己；如果这招不奏效，他们又会马上变脸，恐吓发现者，以毁掉发现者的事业或者伤害其家人做威胁……

对反社会者来说，骗取他人的财产或者信任就像吃饭喝水一样"平常"，只要没被抓到且没有被强制限制行为，他们就会一直无所顾忌地以欺骗和伪装来坑害他人。他们可能会伪造学历和工作证明来伪装"权威人士"，不负责任地鼓动他人犯罪；他们可能会扮演无助、痛苦的受害者，以骗取他人的同情，逃避自己的责任；他们也可能假扮绑匪勒索自己的家人，以得到金钱等。

由于缺乏良知和情感能力，所以反社会者无法理解有良知和情感能力是怎样的体验，因此他们往往会取笑那些因为良知而"不敢"以非常规手段实现野心的人，他们觉得正常人的良知是荒谬且懦弱的东西。他们坚信自己的生存方式是优越的、食物链顶端的，所以他们并不会因为自己欺诈的行为造成他人的巨大损失而感到不安或者悔恨，只会觉得受骗者愚蠢而天真，活该受骗。

◆ 冲动，鲁莽，损人不利己

在面临重大变动时，我们通常会三思而后行，尽力将风险和损失降到最低，考虑所投入的成本以及将要承担的后果来制定计划，并且我们往往会将情感偏好列入考虑范畴，尽量合乎情理，不伤害自己或他人。

而反社会者没有承担行为责任的意识，也无法考虑自己的所作所为对自己或他人会造成的影响，所以他们通常会冲动行事，比如突然变换工作、突然搬家或者突然终止某个关系等。

反社会者也时常冲动地进行危险驾驶，也会不经考虑地进行危险性行为、过度滥用资源。由于情感能力的缺失，反社会者缺乏对人事物的正常感知和恐惧，因此他们对"刺激感"有异于常人的渴求，他们冲动行事，不会在乎自己的生命安全，也不会在意他人的生命安全。

如果不了解反社会者的内在逻辑，很多人会误以为他们的行事风格是"敢想敢做"，误以为这种病态冲动是异常勇敢的表现。

◆ 易怒，具有攻击性

大部分反社会者有一定的暴力倾向或者喜欢目睹暴力行为，这源于他们保留着动物的"兽性"。纪录片《动物世界》里，一有风吹草动就炸毛的狮子、老虎就形象地代表了反社会者的易怒逻辑。动物有着敏锐的警觉系统，面对外界变化和失控状态的反应通常十分迅猛，反社会者的易怒反应和动物的警觉反应是类似的，这是生物的一种本能应激反应。

反社会者也会因为自己的利益得不到满足或者目的没有达成而愤怒。由于对他人缺乏共情和怜悯，反社会者以自我为中心，一旦受挫就会愤怒。

如果被反社会者设定为"可利用的棋子"的人不受控，也会引发反社会者的暴怒，他们极有可能会不惜一切代价地恢复控制。而实施暴力是反社会者寻求刺激以及操控他人的有效手段。因为缺乏良知，反社会者的行为没有刹车系统，所以他们往往会肆无忌惮地使用语言暴力或者行为暴力，甚至随意地对他人进行精神或者身体上的无情杀戮，以确保自己对外界以及他人的掌控权和支配权。

几乎没有人能够阻止反社会者对他人进行剥削或者残害，如果反社会者身边的人对其人格类型缺乏认知，毫无戒心，那么便是将自己的身心安全置于危险的境地。

有严重暴力倾向的反社会者嗜血成性，最典型的代表就是恐怖分子，他们远程实施恐怖袭击，把一个国家搞得乌烟瘴气，以此来满足自己的控制欲和权力感。而大多数反社会者没有成为破坏力如此极端的恐怖分子，但也能凭一己之力将身边的人弄得鸡犬不宁，比如无缘无故地殴打配偶或者孩子、一时兴起就聚众斗殴、无端地对陌生的网友或者路人发动攻击等。

暴力型的反社会者往往会因为失控的暴力而早逝，比如因冲动行事导致意外事故身亡、死于他杀或者被刑法制裁等。

边缘型人格障碍者也易怒，具有极强的攻击性，但他们易怒缘于恐惧被抛弃，并且情绪体验夸张而丰富。边缘者大多时候处于情绪不稳定的状态，他们攻击自己或者他人往往是为了威胁他人"不许抛弃自己"，是出于强烈的情感需求。而反社会者的情感能力是匮乏的，他们不会因为情绪波动或者情感需求而对他人发动攻击，通常会表现得情绪稳定且非常冷漠。反社会者攻击他人多是出于原始的兽性、失控、目标受挫或者病态地垂涎他人所拥有的东西，攻击的目标也往往仅在于夺取，而非拥有。

◆ 无自省能力，不负责任

由于没有自省能力、没有愧疚感也没有怜悯之心，这种缺失往往会导致反社会者对为自己的行为承担责任毫无概念。反社会者坚信，"承担责任"是那些容易上当受骗的"笨蛋"才会接受的"负担"。

有些反社会者在工作上不思进取，即便有工作机会也会长期失业，他们或许会迫于生存压力找到工作，然后反复地无故旷工，无法坚持长久地工作，也会时常冲动辞职。这类反社会者会像寄生虫一样依附他人，比如无度地挥霍父母的钱财，为了能够有人供养自己而表演恩爱地进入婚姻，谎称自己得了抑郁症不能工作，需要伴侣"救助"，过度消费但拒绝支付信用债务等。

有些反社会者在工作上野心勃勃，往往会为了个人利益而盗取公司机密、使用伎俩操控公司的重大财政决策、为了某个职位而与相关职员建立不正当的性关系或者不择手段地陷害竞争对手，使其名誉受损或者家破人亡等。

总而言之，无论反社会者是否在工作上有所追求，他们都无法遵循工作的正规程序、承担工作的责任，也会给家人和同事带来不小的困扰甚至灾难。

而处于情感和婚恋关系的反社会者更加令人心寒。他们可能会为了伴侣的资产或者地位而与其进入婚姻，甚至可能会为了让自己"看起来像个正常人"而与他人进入婚姻。总之，反社会者不会因为爱而与他人进入婚姻，他们没有任何爱的能力，但他们为了达到自己的目的，往往会扮演深情的模样。

对大部分的正常人来说，良知是一种本能的反应，存在于我们的情感和认知系统中，自然地融入我们的行为。我们不会困惑地问自己：该不该给宠物喂食物和水、该不该偷同事的机密文件、该不该付孩子的学费、该不该虐待爱人；等等。良知会自动地为我们做出富有情感、符合人性的决定，以至于我们无法想象没有良知的人会是怎样的。因此，如果有人做出完全没有良知的行为，我们倾向于为他找到合理的解释，比如"他一定太忙，忘记喂宠物了""他可能太在乎工作了才会偷同事的机密文件""他一定是经济困难，所以不能给孩子付学费"等。这是一种"错位的负罪感"，我们天真地误以为每个人都具备良知，而忽略了反社会者一再做出不负责任的行为正是由于他们缺乏良知。

如果我们缺乏对反社型会人格的认知，没有认真地观察过这些行为异常的人，我们可能会误以为那些缺乏良知的异常行为是因为

"性格古怪""艺术家脾气""健忘""懒散""孩子气"等。我们也许可以理解抑郁症、糖尿病、癌症带来的痛苦，却难以脑补出没有良知是怎样的体验，因此常常忽略反社会者异常行为并没有正当理由这个真相。

无论做了多么邪恶的事，造成破坏力多么大的后果，缺乏良知的反社会者总会坚定地说："我没有做错任何事。"这是一种缺乏自省能力的强盗逻辑。反社会者面对自己闯的祸时，往往会轻描淡写地说："不是我干的。"你可能完全看不出他们心虚或慌张。反社会者压根没有正常的情感。

虽然偏执者也会表现出极强的攻击性，但其动机往往是报复，或者恐惧被陷害、被背叛，都是出于情感需求，这与反社会者有着根本的区别。

◆ **情感淡漠，缺乏同理心**

情感淡漠也是反社会者的一个明显特征，他们没有情感能力，没有兴趣与他人建立联结。如果反社会者开始刻意地寻找伴侣，多半是看中了伴侣的物化价值，比如财产、权力、地位，甚至是生育能力。如果伴侣对反社会者忍无可忍而与其划清界限，反社会者只会因为觉得自己失去可利用的"工具人"而愤怒，但绝不会为此难过，也不会认为自己该为伴侣的离去负责。

反社会者的本质是冷酷无情的，他们大多时候都像在冷静地下一盘棋，把他人看作"棋子"，而他们只是利用"棋子"达到自己的目的。他们对陌生人、朋友甚至家人的感受均漠不关心：他们从不担心家人或者朋友是否生病或者遇到了困难，因为他们没有关心别人的能力；他们也从不把他人放在心上，不会分享自己的学业进展和工作成就；他们想和谁见面就会无视对方的意愿而要求和对方见面；他们的孩子出生时，他们既不期待也不紧张，更不会欣喜若狂；无论和爱人喜结连理还是见证孩子的成长，他们都不会感到一丝充实和喜悦；等等。

对于反社会者来说，"宠物""伴侣""孩子"与"凳子""螺丝刀""衣架"没有什么不同，都只是可利用的工具而已，不能被他们利用的东西毫无价值。爱对于反社会者来说是不存在的，甚至当他人对其表达爱意的时候，他们也是无法理解、没有感觉的。

反社会者这种冷漠的行为逻辑和一般人的两面三刀、自恋甚至使用暴力不同，因为一般人都满载着情绪去做事，而非出于某个程序一般只看利益。在特定情况下，有些人会选择撒谎来保证自己、家人或朋友的安全，而不像反社会者那样，撒谎只是为了打发无聊或者剥削他人。反社会者不会有丰富的情绪波动，内心也不会交织着爱恨情仇，更不会纠结于对正邪的思考，不论他们做了何等自私或者缺德的事，情绪都不会有任何波动。

反社会者能够真正感受到的唯一情感，只是一些根植于生物原始本能的生理性痛苦、性快感或者挫折和成功带来的原始的刺激感。挫折和失控可能会让反社会者产生兽性的暴怒，触发他们做出冲动、危险的突发行为；而成功地剥削他人、达成了目标则能够引发反社会者短暂的满足感，如同狮子、老虎在捕猎中获胜，抓到猎物后饱餐一顿，获得片刻的愉悦。

反社会者这些原始的情感反应和正常人较为高级的情感反应不同，反社会者不会感到"宠物的可爱""爱人的美好"以及"被爱治愈"，甚至无法理解"浪漫""风趣""仁慈"的真正意思，他们的世界只有捕猎、剥削和输赢，再无其他。

虽然反社会者和自恋者都铁石心肠、巧舌如簧、擅于剥削他人，也都缺乏同理心，但反社会者缺乏同理心是因为他们压根没有能与他人共情的脑神经系统，也根本无法理解普遍的情感。而自恋者有需要他人仰慕和赞美的需求，也时常羡慕、嫉妒他人。多数自恋者也不会像反社会者那样表现出明显的品行问题或者随意地违法犯罪，他们对司法的严惩机制心怀恐惧。自恋者通常是出于过度自负、轻视他人而选择无视他人的感受，并非无法理解正常的情绪。自恋者通常保有一定的良知，也时常陷入痛苦之中，有时候还会因为被人排挤和否定而抑郁，主动寻求心理治疗。相比之下，反社会者不会在乎他人的感受和看法，因此当他人疏远、排挤、厌恶或者离开他们时，他们不会感到焦虑，也不会想念，至多会觉得损失了一个"工具人"而有些愤怒罢了。

◆ **控制欲极强**

反社会者的控制欲源于他们没有情感能力和良知。感受的匮乏和对生命的淡漠让反社会者在人际交往中只在意掌控全局和输赢。

4　你只是工具人！与反社会型人格障碍者的日常

对反社会者来说，外界和他人只是给自己提供"游戏"的"棋子"，游戏的奖励从"统治世界"到"骗取一顿免费的午餐"程度不等，游戏的程序一成不变：操控别人达到自己的目的，让别人心惊胆战以及自己最终获胜。

本书所解析的其他人格障碍者均有控制欲强这个特点，但其动机完全不同，自恋型人格障碍者的控制欲源于渴望"站在高位"以及"追求完美"，表演型人格障碍者的控制欲主要源于"持续需要被关注"，边缘型人格障碍者的控制欲源于"避免被抛弃"，偏执型人格障碍者的控制欲主要缘于"避免被伤害和背叛"，等等，这几个类型的人格障碍者的控制欲多与情感诉求相关。但反社会者的控制欲完全出于"玩乐"需求，因为在反社会者的"游戏"里，他人只是一个又一个可操控、利用的物品，就像下棋一样，操控棋子只是游戏的一个部分罢了，而反社会者是控制这场棋局或游戏的唯一玩家。被残害或者被杀戮是"不听话的棋子"应得的下场，也是反社会者维护自己的支配地位所采取的"有效"手段。

由于缺乏情感能力，反社会者对与他人建立情感联结毫无兴趣，人际关系对他们来说一文不值。大多数情况下，在反社会者的"游戏"中，虐杀小动物或者人类、征服异性收获性满足、引诱和利用朋友做出危险的行为或者无故地炸毁某个公共场所而让别人惊恐、慌乱，就是"游戏的过程"，也是体验控制感的过程。许多反社会者仅仅为了让"游戏"更加刺激、好玩，就可以做出极端的自毁或者毁人的行为。

如何摆脱隐性控制

在反社会者众多的操纵手段中,"装可怜"是他们最常用的。一个毫无怜悯之心的人竟然懂得用"装可怜"来博取同情吗?是的,这就是反社会者最危险的地方。遇到反社会者时,我们很难意识到他们缺乏良知和情感能力,因此常常疏于防备。但反社会者会暗中观察正常人的行为逻辑,就像躲在草丛中观察羚羊的狮子一样。对正常人来说,同情心被触动时,往往能够放过冒犯自己的他人一马,这对反社会者来说是一个非常好利用的弱点。

反社会者根本不在乎社会契约和道德约束,但他们知道如何利用这些来为自己谋利。我想,如果恶魔真的存在,也许也会希望我们觉得它很可怜,进而利用我们的善良迅速操控我们。

如果一个人一直在作恶,却总在被抓到的时候用装可怜来博取同情,那么这个人大概率就是一个没有良知的人。反社会者也许没有杀人,也没有明显地犯罪,甚至没有使用暴力,但他们有各种匪夷所思的隐秘手段来让我们的生活、事业和人际关系陷入非常的困境。

◆ 病态的无聊

我们都体验过无聊,但通常情况下我们不会因为无聊而非常烦恼,我们无所事事的时候通常会觉得自己需要休息或者放松一会儿,并不会感到枯燥。

青少年或许会感到无聊是难以忍受的,因为青少年的身心还在发育过程中,精力十分旺盛,会渴望更刺激的体验。如果一直埋头学习,青少年就容易感到烦躁和不满足,而这种无聊带来的痛苦会随着成长和成熟慢慢消退。成年的过程会让我们拥有更稳定的心智和更丰富的情感体验。我们与他人建立情感联结、彼此磨合以及共度的欢乐与痛苦的时光都能带给我们足够的情感刺激，这种情感刺激足够我们与他人建立健康的情感依恋，体验生活的乐趣，并且始终存在于我们的生命中。

而反社会者不会有心智成长的过程，也无法具备正常的情感体验，终其一生几乎都在经受"无聊至极"的酷刑，这种极端的无聊体验对反社会者来说就像一直无法缓解的慢性头痛或者持续的口渴至极，因此他们渴望极端的刺激来缓解这种病态的无聊，比如操控和残害他人、对某种刺激性的痛觉上瘾、成为酒鬼或者瘾君子、频繁地冲动冒险等。

某些心理学实验中会使用电击或巨大噪声干扰来刺激反社会者，但是他们很少出现常人在焦虑和恐惧时通常会有的生理反应，比如流汗、心跳加速等，他们只有在支配或者虐待别人的时候才能获得足够的刺激感，但这些"游戏"很快就会让他们感觉无聊，因此他们会越玩越大，越玩越危险。

总而言之，反社会者永远无法摆脱病态无聊的折磨。病态的无聊也是大多反社会者因过度冒险而难以活得长久的主要原因。

值得注意的是，有很多种人格障碍共患的情况，也就是说，一个人可能同时兼具反社会型人格障碍和自恋型人格障碍、表演型人格障碍以及边缘型人格障碍，只是看共患者身上哪一种人格障碍特征最多、最明显、最稳定，就以哪一种人格障碍为主，另一种或者另几种人格障碍为辅。无论一个人具备哪一种或者哪几种人格障碍，都表示他在与人交往的过程中具有危险性和伤害性，所以我们要用心观察，耐心识别。

与反社会型人格障碍者的合适边界

爱因斯坦曾说，这个世界之所以危险，并不是因为恶人的存在，而是因为人们对恶行熟视无睹、袖手旁观。

初识阶段识别出反社会者非常重要，因为一旦与反社会者发展深度关系，无论身心健康还是人身安全上，都将面临难以承受的重击。

以下是人际交往中期需要特别留意的内容。

（1）加强识人认知。

对"无良"的反社会者加深认知：有的人没有良知，他们的外表与我们没有多大的区别，不要以貌取人。

（2）做判断时尊重自己的直觉，不要迷信权威。

不要觉得对方的身份是教师、医生、领袖、家长或者喜欢的偶像就轻信对方。当直觉告诉你这个人有些异常的时候，要尽可能地核实，洞察事实真相。

（3）"事不过三"原则。

当考虑与一个人建立新的关系的时候，用"事不过三"的原则来检验这个人的主张、承诺和责任感。

4 你只是工具人！与反社会型人格障碍者的日常

一个谎言、一次不尽责可能是误会或者不可控因素导致的，但是多个谎言和多次失责是缺乏良知的表现，如若发生，请尽早与这样的人保持安全距离。不要听信做出这样行为的人，别再继续投入感情和金钱。

（4）区分"真诚的支持、赞美"和"谄媚"。

真心的赞美通常朴实且细致，知行合一，只是表达欣赏。

而谄媚是一种虚伪的迎合，通常这种迎合都藏着操纵的意图。当一个人提供的建议违背你的良知时，请及时警觉。谄媚者往往会在过度的迎合中偷换概念，比如让你不经允许地偷拿别人的工作文件是为了你和公司都能有更好的发展、发动一场战争是为了正义等。

（5）区分"尊敬"和"恐惧"。

我们常常会混淆"害怕"和"尊敬"这两种感受，我们常常以为害怕就是尊敬，我们越是害怕某个人，就越觉得他值得尊敬。我们的大脑有着容易屈从掠食者的动物天性，我们也常会条件反射地将恐惧和焦虑与尊敬混为一谈。

真正的尊敬是一种自发的反应，真正值得尊敬的是那些坚强、仁爱而又不乏道德与勇气的人，而不是那些通过恐吓、权威或者威胁手段获得尊敬的人。

那些经常把犯罪、暴力、危言耸听挂在嘴边的人，不论是什么样的身份，都不可能是正直的人，多半是爱煽动是非的骗子。

（6）不要加入他们的游戏。

如何摆脱隐性控制

反社会者因为没有良知和法律观念的束缚，他们的阴谋诡计往往超乎寻常地狠辣。请抵住与反社会者一争高低的诱惑，毕竟凝视深渊久了，自己也会成为深渊。

察觉到对方是反社会者，请把自己的身心安全看得比其他任何东西都重要。

（7）不要让反社会型人格障碍者进入你的生活，拒绝与他们接触和沟通。

反社会者完全生活在社会契约之外，与他们建立关系是非常危险，你需要把他们赶出自己的人际圈，这么做不会伤害任何人的感情（毕竟反社会者没有情感能力，尽管他们在目的达不到的时候会伪装受伤）。

（8）对待反社会型人格障碍者不要有妇人之仁。

把尊重留给具备仁爱、道德与勇气的人，把同情留给真正受苦、遭遇不幸的人。如果你发现一个人经常做一些伤害他人的事但又非常努力地博取同情，那么可以肯定，这个人缺乏良知。不要一再地给这样的人机会，对待这种人就要拉得下脸表现出不客气，一旦你表现出同情或者心软，他们就很可能得寸进尺。

（9）捍卫自己的心智，好好地生活。

绝大多数人都有良知和爱的能力，不要因为遇到反社会者就对生活过度悲观。

如果你已经与反社会者建立了情感关系或者协作关系，察觉对方是反社会者，想要离开或者暂时无法离开，你就需要万分谨慎。

（1）耐心收集证据，寻求法律援助。

反社会者几乎必然会犯罪。比起其他类型的人格障碍者，反社会者即使面对证据也可以一脸满不在乎、毫不紧张地扯谎、装可怜博取同情甚至犀利地恐吓，因此收集各项证据十分有必要，比如录音、视频、相关文件和证件、聊天记录等，并且得提前不动声色地做准备。

（2）向身边值得信任的朋友、工作伙伴、家人普及反社会型人格障碍者的知识，并告知自己遇到的反社会型人格障碍者的真实情况。

向身边值得信任的人普及反社会人格障碍的知识是有必要的，一来可以获得帮助和支持，二来避免反社会者以其高超的演技让你成为众矢之的。

（3）不要尝试改变反社会型人格障碍者。

反社会者没有良知，这是一个不容忽视的现实，如果你决定继续与反社会者共事或者生活，那么请你不要期待自己能够改变他们，或者期待他们有一天能反省。不要相信反社会者，也不要盼望他们忠诚、坦诚，与他们交往时必须万分警惕，保护好自己。

（4）不要帮助反社会型人格障碍者隐瞒他的真实性格和行为。

当反社会者因犯罪被抓到的时候，他们往往会迅速装可怜，比如哀求你"千万不要说出去""我真的缺钱才这么做的"或者"这是你欠我的"，不要被这些话和行为迷惑，你应该提醒他人注意安全，而不是替反社会者保密。

（5）寻求心理咨询师的帮助。

  从我们遇人不淑到拓展对危险人格障碍者的认知，再到修复心理创伤，是个漫长的过程，知识可以更新，但是身心创伤没有那么快康复，因此，如果你察觉到自己的心理创伤较为严重，请务必寻求心理咨询师的帮助。

5

按照我的规矩来！

与强迫型人格障碍者的日常

How to
Get Rid of Implicit Control

每天早上6点必须起床，坚持慢跑5公里，饮食要严格按照健身食谱，衣物一定要摆放平整，领口一定要板正，发型一定要没有瑕疵才能出门，每天必须看一小时的书，练一个小时的琴，工作必须每个细节都完美地完成，垃圾一定要严格分类，家里必须收拾得洁净、整齐才能不放纵地放松一会儿，等等。

在这个"内卷"的时代，立志成为"卷王"的自律也许能够让你在一定程度上变得更优秀，但真的能让你更"自由"吗？过度自律，往往是强迫型人格障碍的表现，带来巨大的身心消耗。

还记得安徒生童话里那个穿上红舞鞋就不停跳舞的卡伦吗？还有希腊神话中循环往复地把巨石推上山顶，巨石又滚回原位的西西弗斯。强迫型人格障碍者也体验着卡伦和西西弗斯一样的循环，也习惯了这种循环往复的"忙碌"状态，怎么也停不下来。

与强迫型人格障碍者相处时的感受

如果有一个强迫型人格障碍者（书中简称"强迫者"）作为伴侣，或者处于有强迫型人格障碍的父母的原生家庭，甚至是工作中

5 按照我的规矩来！与强迫型人格障碍者的日常

遇到了患有强迫型人格障碍的领导，那么我们每天都要面对源源不断的挑剔和指责。

"用自己的标准评判他人"是强迫者的主要社交缺陷之一，这导致他们无法与他人建立温情、深度的情感联结，与强迫者交往，很可能会有以下六种常见的感受。

◆ 恼火，烦躁

大部分强迫者都具备一个明显的特征，那就是习惯于要求别人完全服从自己认为正确的做事方式。

如果与患有强迫型人格障碍的伴侣生活，那么喝水的方式、整理屋子的方式甚至倒垃圾的方式可能都会被对方明确地规定，如果不按照对方认为最佳的方案来执行，那么他们会觉得我们很蠢，或者抱怨、指责我们让他们无法忍受。

如果与患有强迫型人格障碍的父母生活，那么要报什么补习班、要练几种乐器、要参加什么比赛都是有详尽的安排的，按照我们自己的意愿来学习是不被允许的，因为这类父母往往会表示："你还小，不懂事，考虑得还不够周到。"

如果与患有强迫型人格障碍的领导交往，那么我们将面临无止境的修改和调整，这类领导没完没了的无谓的要求将让我们疲惫不堪。"表格行距得调整一下""每个内容要用不同的颜色""每条线都需要3像素"……对方不断地质疑，抛出一个又一个问题，反复要我们解释早已经详细报告过的内容，简直要把我们逼疯，对方还会大言不惭地表示："对你严格要求是器重你。"

与强迫者交往，我们行动的每个步骤、外形的每个细节、性格的每个方面都会经过他们的严格审查，任何在他们看来是"缺陷"的微小细节都会被无限放大。强迫者这种追求完美的苛刻行为会导致他们与我们在日常生活中摩擦不断，也会导致我们恼火、烦躁甚至怨恨。

◆ 恐惧且焦虑

强迫者的强迫行为源于对"现实生活的不确定感"的恐惧和焦虑。

对强迫者来说，严格守规矩就像吃下了定心丸，他们坚信这样能够让混乱、不确定的世界变得有序，并且灾难永远不会降临在他们头上，但若现实打破了规矩，或者身边的人无视这些规矩，他们就会恐惧和焦虑得喘不过气来。

然而，现实本就充满不确定性，我们的主观意愿并不能控制现实世界的客观规律和变化。不确定存在，焦虑就存在。然而强迫者拒绝接纳现实的不确定性和变化，因此他们大多常常处于恐惧和焦虑之中，这种恐惧和焦虑极具传染性，与强迫者长久相处，在他们无尽的挑剔和苛责中，我们会感到恐惧、焦虑以及烦躁。

尽管强迫者对自己的工作引以为傲，他们觉得自己的强迫行为是精益求精的表现，但他们往往会因为觉得"不够完美"而难以开始或结束，造成严重的拖延，这也会让身边的人万分着急。

生活中的大事小事以及工作上的大小项目会因为强迫者过度追求完美而出现诸多延误，由于强迫者过度程序化的思维和行为习惯，他们又难以请求帮助以及与他人合作，如果我们要与强迫者一起生活或者在工作中协作，那么我们大多时候只能干着急，劝不动也帮不上，这种焦虑和着急永不间断。

◆ 自卑且压抑

"我是这样做的，你也应该做到。"强迫者对自己十分严格，对身边的人也一样严格。在人际关系中，追求完美往往是自处时或相处时痛苦的一个原因，强迫者对每个细节的监督和纠正会持续让人觉得自己是"不足的""错误的""愚蠢的"，等等，接踵而来的就是受挫感、自卑和压抑。

从日常物品的摆放到衣食住行的方式，从话怎么说到事怎么做，强迫者会要求他人按照他们认为最"明智"的方式执行，否则他们就会很不舒服，不断地引发冲突。他们对他人做事也充满不信任，不愿分享与合作，他们身边的人往往会感觉自己被强迫者深深地嫌弃。

强迫者对自己严格要求，可能会在事业上有所成就，但在人际关系中，这样会给双方的身心都带来不利的影响。当我们在工作或者生活中出现失误时，强迫者非但不会安慰我们，反而会严肃地指责和教育我们，这会让我们倍感压抑和失落。人际交往本质上是建立情感联结、相互包容和适应，过分严格、冰冷、无法变通的处事方式往往会让人想要逃离。

如果恰好你的自我感不足，又遇到了患有强迫型人格障碍的家长、伴侣或者领导，自卑、困惑、压抑、恐惧将围绕着你。

◆ 孤单，失落

每天下班回家都带回成堆的工作文件，回到家里仍然埋头工作，不顾其他，不愿抽时间陪伴你，也不愿了解你的内心，当你需要他温情互动的时候，他总在忙工作……这样的情感关系，你能坚持多久呢？

强迫者往往有严重的强迫思维，所有的行为都追求完美和明智，如果不让自己"做正事"，他们就觉得极度无聊、空虚，丧失存在感。对于强迫者来说，陪伴家人或者伴侣、度假或者沟通情感是"浪费时间"的事情，性生活也会被忽视，这种过度冷漠的处事方式会让他们身边的人倍感孤独和失落。

强迫者的"工作狂"特质在关系初期可能会有吸引力，我们会觉得他们上进、有事业心，但很快我们就会发现，他们除了"事业心"，再无其他。他们看起来完美、严谨、负责、忠诚，但我们会深深地感到他们也是无法靠近的，他们在感情上总是拒人于千里之外。他们的"工作报告"会比病床上需要照顾的我们更为重要；他们的"东西必须摆放整齐"这个原则会比我们的意愿和感受更为重要；他们的"亲兄弟，明算账"观念会比我们的财务危机更为重要；等等。我们会发现身边的强迫者就像石头或者程序化机器人，而不是某个与自己有情感联结的伙伴。

如果你的伴侣是强迫者,你会发现他很少敞开自我,接纳真实的自己和你,他不会向你表达真情实感,甚至除了原则和规定,无话可说,他也无法和你开轻松的玩笑,在你试图活跃气氛的时候显得拘谨又呆板,这种相处模式会让你感到十分乏味。

◆ 沮丧,疲惫

强迫者虽然像程式化的机器人,但在人际交往中,他们不如机器人,因为机器人不会像他们那样不断地给我们施压。面对强迫者不断地唠叨、苛责和抱怨,我们会感到身心俱疲,难以应对。

强迫者也听不进他人的建议,只是不断地用自己的"完美主义"来绑架和控制身边的人,比如早上6点必须起床,必须吃早饭,早饭必须有鸡蛋,哪怕你卧病在床,这个原则也不能打破;晚上回家必须洗手才能进门,哪怕停水耽误了,也不能变更;等等。这些要求看着简单,但是叠加在一起,会让我们不堪重负,感到窒息。

从情感维度来看,假如伴侣为了给你准备生日惊喜而在约会时迟到了,那么这种迟到真的无法原谅吗?假如伴侣为了帮你分担家务而打乱了物品摆放的顺序,这真的值得你大发雷霆、极尽指责吗?强迫者永远会选择最让人感到沮丧和疲惫的应对方式。

◆ 厌恶

与强迫者长久相处,我们几乎会感到难以抑制的厌恶。

如何摆脱隐性控制

在我们展示自己对某项工作的理解时，强迫者往往会非常啰唆，其本意是想展示自己的逻辑性强、非常明智，但在我们看来，这往往是过度教条、唠叨个没完没了且质疑我们能力的表现。他们可能会因为我们的文件没有按照顺序整理、摆放，就长篇大论地声讨我们："你为什么连这些细节都注意不到？你必须准确地把这些全部做完！你去看我之前写的工作流程，里面说得很清楚！你太粗心了！重做！"强迫者注意不到或者不在意自己的行事方式带来的人际冲突，只是一味沉浸于当下的目标和细节，并以此吹毛求疵地要求你。

生活并非非对即错的二元世界，生活中有缺憾，有不完美，苦乐参半本就是现实的样貌，但强迫者拒绝接受生活中的不完美，也不愿面对现实的不可控。随着关系的深入，我们会逐渐发现，他们的感情没有一丝温度。你也许难以理解，为什么一件简单的事在强迫者看来就是过不去，单调地重复和抱怨会耗尽你的耐心和精力，你也会越发厌恶对方。

以上便是与强迫者相处时的常见感受，如果你产生了其中任何一种难以抑制的消极情绪，就要重新审视你们的关系，尊重自己的真情实感和直觉，重新划定你们的安全距离。

为何受困于强迫型人格障碍者

与强迫者相识初期,许多人会被他们的"完美感"打动,在不了解他们的真实情况之前,往往认为他们自律、严谨、坚韧、认真、负责,等等。在工作上,强迫者由于思维能力很强,往往能获得较高的社会地位和较强的经济实力,让人觉得他们上进且事业有成。

与强迫者相恋初期也有可能会被他们的程式化恋爱方式打动,比如定时和你说早安和晚安,不会因为工作而忘记;给你的承诺一定会兑现;如果你告诉他你喜欢的物件或者约会形式,他会分毫不差地筹备好;等等。强迫者在没有与他人建立控制关系之前,他们的严谨和秩序感会让人觉得他们做事稳妥、为人可靠。的确,患有强迫型人格障碍的伴侣或者父母通常值得信赖,极富责任感,且十分忠诚,不易出轨。

强迫者通常比较慢热,情感反应较慢,一旦与他人建立恋爱关系,他们会保持恒温,他们可能会努力工作、主动做家务、不抽烟、不喝酒、不应酬、坚持运动、保持完美的身材、准时上下班、道德感极强等。如果你对温情没什么需求,又能够接受强迫者墨守成规的风格,那么这类人能算是合格的爱人。

强迫者往往吸引缺乏安全感和过度感性的互补类型的人格障碍者。由于现实的不确定性,过度遵循秩序感的强迫者会给缺乏安全感的伴侣带来一定的稳定感和安全感。而过度感性的人通常思维非常发散,逻辑能力较弱,那么强迫者过度追求逻辑的行事风格会深深吸引这类人，因为人们往往会对自己暂时不具备的能力心生仰慕。

强迫者因为其完美主义、自律和优秀倾向，往往会吸引一部分人的青睐和认可，这也是他们过度强迫行为的动力之一。那么，在强迫者表面的"完美"背后，真相又是什么样的呢？

随着与强迫者的相处日渐深入，我们慢慢会发现他们"呆板""僵化"和"不容变通"，他们常常会表达"你下次再挑战我的原则，我们就玩完了""只要我活着，这些规矩就不能改变""你必须做到我要求的所有，做我的伴侣也必须自律和优秀"等，这些过度遵循原则的行事方式缺乏温情和爱意。

患有强迫型人格障碍的父母往往也不会在意孩子的年龄和性格、不尊重孩子的真实意愿，不给孩子自由发挥的空间，反而给予孩子极高的期待和严苛的要求，这会导致亲子关系紧张和孩子的痛苦。

总的来说，强迫者适合独自做事业，但不适合与之长久亲密相处。

常见的强迫型人格障碍者的特征

在我们身边，很多人都具有强迫者的特征，与强迫者长久相处会让我们深感被束缚和痛苦。所以，我们有必要在人际交往过程中耐心观察对方是否是强迫者，有利于在相识初期与其建立合适的边界。

强迫者最常见的特征有以下八个，稳定地符合其中三个以上，就具有强迫型人格障碍倾向。

◆ 过度控制细节、程式化

适度注重细节能够让我们准确、高效、有条理地完成工作，也更少出现失误。但如果过分关注细节，往往会让人犹豫不决，难以做选择、抓住重点，最后误事。比如，一个强迫者上午要完成一个会议记录的PPT，他可能会把大把的时间花在PPT用什么字体、什么字号、什么版式、什么颜色风格上，迟迟无法开始真正做会议的要点整理和记录。

强迫者的内心有多重的原则和标准，这些原则和标准可能是他们认可的公司业务流程，可能是父母的教诲，可能是法律或者社会的伦理道德等。他们往往通过对自己认可的规则、程序煞费苦心地关注以及遵从，来维持内心的稳定和控制感，以至于忽略了灵活机动或者人际交往中真正重要的方面。当没有严格制订规则和程序的时候，强迫者的决策过程可能会是费时且痛苦的。

无论是什么原则和标准，只要是强迫者认可的，他们就会严格遵守，如果做不到，他们就会感到失望和痛苦，因此苛责自己。他们不但这样严格要求自己，同时也希望他人这样做，他们也许会看不惯他人"躺平"过日子，也看不惯他人工作懒散、不严谨，并坚定地认为自己有监督和教导他人的责任，以确保他人"向好"。

部分强迫者严格遵循原则，会让人觉得他们自律、正直、较真或者责任感强,但若我们继续耐心地观察,就会发现强迫者的这些原则是无法变通、无法听取他人意见也无法按照现实情况调整的,若有人因为特殊情况要违背这些"原则",强迫者不会接受也无法通融。比如同事上班迟到了,想请强迫者帮忙打卡或者代请病假,强迫者会坚定地认为同事的做法是错误的,并将同事的真实情况上报给公司的管理部门。这种不近人情的行事方式也常常导致强迫者人际关系紧张。

为了维持稳定的秩序感,强迫者常常花大量的时间做计划或者日程表,并且有绝对按照日程计划实践的倾向,任何的意外或者惊喜都可能惹恼他们。如果强迫者计划第二天要到户外晨跑,即便有狂风骤雨,他们都有可能会照常完成自己的计划;如果强迫者与伴侣计划好了见面时间,伴侣想给他们惊喜而提前到来,通常会让他们不满,因为在强迫者看来,伴侣"打乱了自己的计划",因此他们可能会恼怒。

不仅如此,强迫者通常对所做的每件事都有固定的程式化习惯,比如晨跑,从运动装备到跑步姿势,都要严格按照他们认可的权威教练推荐的标准来执行,如果没有坚持做到或者做完,对他们来说就是一次失败,他们会严厉责备自己并督促自己遵守这些规则,不允许自己偷懒和敷衍,更不允许失败。强迫者认为,处理任何一件事都有不容置疑的正确做法和显而易见的错误做法两个选项,他们觉得自己所遵循的规则是正确无误的。

部分强迫者对生活中的每一个细节,连身边人的情绪、心态和思维都要过问，甚至会苛刻地要求对方按照自己认可的思维方式来思考，不允许对方有丰富的情绪，这往往会让与其相处的人感到十分痛苦。

与其他类型的人格障碍者一样，强迫者的强迫性思维和程序化行为会影响这类人的社会功能和人际关系，过度关注条理性会让强迫者难以达成重要目标，而过度刻板地遵守原则也会让其人际关系受损，这类人也多半会避免与攻击性、性欲或者需求感产生关联，不了解其人格特质的人会误以为这类人极其理性。

最奇特的是，强迫者十分享受严格循规蹈矩的生活。保持对程序的绝对控制是强迫者认同的生活哲学，他们坚信，只有他们自己的方法是最正确、万无一失的，他们以这种苛刻遵循原则的方式来保持生活的稳定和控制感，拒绝变化。

是否"自我和谐"，可以用来区分强迫型人格障碍和强迫症。虽然强迫症患者也有刻板的重复行为，但强迫症患者为此十分苦恼，并不出于认可和个人意愿，比如在人行道上不能踩到边界、洗八遍手才觉得干净、必须疯狂地挠皮肤才感到安全等，强迫症患者的强迫行为是自己不认可但觉得自己不得不做的，也缺乏现实性，为此感到困扰。而强迫型人格障碍者觉得自己所重复的行为是自律的表现，为此感到满意，重复的内容通常符合现实规则，比如衣帽摆放整齐、工作文件反复查阅、严格遵守自己的计划等。因此，强迫症患者往往会主动寻求治疗和帮助，而强迫型人格障碍者则不会觉得自己有任何问题，不需要改变。

需要注意的是，人的很多行为都会带有"强迫"和"高要求"的色彩，但有些行为不是强迫型人格障碍的表现，比如"要求伴侣把一切事物保持自己喜欢的样子（并不是井然有序、有科学依据的）""要求同事必须给自己带早饭""要求相亲对象必须有房有车"等，这些需求往往是自恋型人格障碍者强势而傲慢的命令，而非强迫型人格障碍者因为遵守某一原则而认同的行为，这也可以将自恋型人格障碍者与强迫型人格障碍者区分开。

◆ 完美主义

强迫者过度在意细节，非要按照原则来处理事务不可，源于他们的完美主义和自我强加的高标准，这也是这类问题人格者痛苦的源头。比如，强迫者会将一份工作报告反复检查、修改，甚至推翻重做，直到自己觉得完美、万无一失，这也会导致强迫者无法按时完成工作报告，以至于其他计划被迫延期，最后导致强迫者生活的各方面陷入混乱和焦虑之中。

完美主义是强迫者做事拖延的原因之一，如果没有万无一失的完美方案，强迫者往往难以决定哪些任务优先，或者由于觉得没有找到做事的最佳方法，以至于迟迟无法开始做事，比如"必须外形达到完美才会考虑恋爱""一定要准备得极其充分才能参赛""一定要环境整洁、安静才能开始工作"等，最后往往会因为某一现实的变量不能达到强迫者认可的完美标准而无法开始。

我年少的时候也有强迫型人格障碍倾向。那时我是一名动漫设计师，每次定好了漫画主题，开始绘制内容之前，我总是强迫自己必须翻阅完所有的国内外已知的作品和素材网站，试图找出最完美的组合方案，确保自己的作品震惊四座才能开始创作，并且在创作过程中常常因为没有达到自己预想的完美而不断推翻自己的想法，甚至推翻自己最开始定的漫画主题等。就这样，大到画风，小到几个像素的色差，我都会反复纠结、无休止地修改，最后往往误了交稿时间，实际上并没有让画作变得"完美"，并且因为我过度在意细节，而让整体构图出现问题。那时我每每创作完几篇内容，就感到自己精疲力竭，十分痛苦。慢慢地，我对创作漫画这份工作产生了莫名的焦虑和恐惧，也渐渐找不到最初从事这份工作的快乐。

正由于对完美的极端追求，自责和内疚往往与强迫者如影随形。他们常会因为工作没有达到自己预想的完美状态或者成效而责备自己能力不足，会因为计划有变而责怪自己计划不周，甚至对自己的外貌、才华、成就没有达到完美而苛责、厌恶自己，还容易因此出现进食障碍，以"不许自己正常吃饭"来惩罚自己颜值和身材的不完美。完美主义让强迫者对自己有着极高的期望，这一特质让他们自律、上进，同时也让他们步步惊心，不允许自己出任何的差错，也不允许自己没有达到完美。

然而，现实是不完美的，固执地追求完美，只会让强迫者常常感到无能为力，从而变得急躁、好斗、自卑、急功近利。这种对抗现实的完美主义也是强迫者易感焦虑和恐惧的原因。社交恐惧、广场恐惧、进食障碍等都是强迫者容易共患的身心障碍，他们也更容易患心肌梗死。

强迫者的完美主义不但让他们严于律己，也让他们对他人十分挑剔和苛刻。如果不按照强迫者所认可的方式行事，就很可能在言语或者行为上与其起冲突。

虽然自恋者也追求完美，但他们往往觉得自己已经十分完美、优秀，并认为别人的水平都在自己之下，他们很少自我批评，这一点与强迫者的完美主义是完全不同的。如果一个人兼具强迫型人格障碍和自恋型人格障碍，那么他吹毛求疵、遵循原则的过程会充满打压和不屑，控制欲会更为极端和强烈。

◆ 工作狂

强迫者是难以放松的一类人，他们难以做自己认为"无用"的事。他们难以给自己放假，难以纯粹地休息或者单纯地和朋友聚会，也常会无限期推迟假期和娱乐活动。有时间度假时，他们也会带上工作，好让自己不觉得无所事事或者浪费时间，不然他们会感到很不舒服，很内疚。如果参加聚会，他们通常也会有明确的目的或者看中的价值，比如多人马拉松、业内商业展或者特定交友的活动。

强迫者的爱好或者娱乐活动也会被他们当成严肃的任务，需要精心地投入，要求有一定的产出，这也是他们追求完美的表现。"玩耍"对于他们来说是结构性的任务，比如把篮球活动变成自律、严格的训练和比赛，把聚餐当作美食鉴赏、商业分析或者厨艺学习，他们甚至会花费很多时间来教朋友带来的小孩如何安全地骑自行车等。

许多强迫者都会展现出"卷王"的状态,孜孜不倦地投入工作,过度看重绩效,反复修改力求完美,甚至牺牲自己大部分的业余时间。他们可能会不厌其烦地考取各种证书和职称,也可能会将一个会议记录反复修改甚至重做几十遍,甚至花大量的时间让自己琴棋书画样样精通,无法停歇。如果他们入职的公司工作氛围较为闲散,或者面临职业变化,都可能对强迫者造成一定程度的失控式焦虑。

强迫者的工作狂倾向往往会导致其友谊和亲密关系破裂,因为他们会过度在意工作和原则,把时间和精力都花在工作上,而忽略人际关系中的情感需求,无法变通。如果让强迫者暂停工作,他们就会感到极其无聊、空虚和无价值感,好像对工作稍有懈怠就丧失了存在感一般。

◆ 道德洁癖

除了刻板教条地遵循各种规则、原则和条例,强迫者在道德、伦理和价值观上也会过分认真、小心和缺乏弹性。他们可能会强迫自己和他人遵守僵硬的道德准则,也可能毫不留情地对自己的错误做严厉的自我批评。

强迫者对自己认可的权威和价值观非常顺从且恭敬,对情有可原的情况也绝不通融,比如不肯借钱给忘带钱包或者手机的朋友吃午饭,因为他们可能已经认定"借钱给朋友会人财两空"。

强迫者的道德标准通常比较高,仿佛他们内心住着一个"批评"

自己的教官，总是对他们内心的正常欲望进行压制，哪怕是对喜欢的异性产生了想拥抱、亲吻甚至更多的欲望和想法，也会马上呵斥自己不应该动"邪念"。他们对自己的想法和行为过于严苛，缺乏幽默感和灵活性。而这种心态的外在表现就是，强迫者做事往往十分犹豫，经常陷入两难境地。

强迫者对自己认可的权威十分顺从，而对自己不认可的权威充满敌意和抵触，难以综合、平衡地做出圆滑的评定和反应。

◆ 过度节省、吝啬以及囤积

强迫者不愿丢弃任何物品，即便一些物品坏了、没有价值了、毫无纪念意义，他们也认为扔掉它们是一种浪费，并且他们认为总有机会需要这些东西，所以他们的住所可能会被各种旧零件、旧报纸或者坏了的电器占据大部分空间。

强迫者也可能对自己和他人都十分吝啬，维持一种远低于他们所能承担的生活水准，他们坚信必须严格控制花销，以防患于未然。而过度节省本质上也是强迫者道德洁癖的一种体现。

虽然自恋者或者反社会者也都缺乏慷慨这种品质，但他们只对别人吝啬，对自己通常十分放纵，而强迫者不论对自己还是对别人都十分吝啬、苛刻。

◆ 难以与他人合作

由于强迫者过高的原则要求和道德洁癖，他们不愿意将任务委托给同事，因为他们认为他人难以精确地按照自己的要求行事，难以让自己舒心和满意，因此强迫者往往会独自揽下大部分事务，不会选择与他人合作。

强迫者往往会固执、不合理地要求所有事情都按照他们认可的方式办，他人如果与其合作或者交接工作，也必须遵从他们的处事方式。强迫者通常会提供非常详尽的做事说明，比如有且仅有一种做PPT的方式、有且仅有一种"有效率"的交通方式、有且仅有一种洗碗方式等。如果他人提出了创造性的替代方案，强迫者会吃惊又恼怒，然后批评对方不要冒险尝试新的方案，试图由此控制他人的行为和决策使其符合自己认可的程序，以确保万无一失。即便强迫者固守的程序已经不适合新的工作，他们也拒绝采纳新的工作方式。

◆ 僵化且固执

僵化且固执也是强迫者的明显特征，他们只关心事情如何能够以自己认为正确的方式去做，以至于无法听从他人的意见。他们会事先做自认为缜密而周全的计划，而不考虑变化，也不愿接受变化，更不愿根据现实情况做出变通，因此常常会让他们身边的人感到万分沮丧。即便强迫者意识到妥协和变通对自己有利，他们也很可能会顽固地拒绝变化，坚守自己认可的原则。

强迫者在人际交往中常常显得古板、正式、严肃，他们难以表达温情，也极少赞美他人，他们可能会对"是否符合逻辑"斤斤计较，并且无法忍受他人的感性行为。他们难以自然地表达情感，面对情感丰富而自然的人会感到不自在。因此，强迫者大多时候看起来情感淡漠。

强迫者过度固执且古板的特质无疑会伤害亲密关系，他们会把"原则"看得比"伴侣"更重要，比如他们可能会把"没有洗澡不能上床睡觉"看得比醉酒的伴侣身体舒适与否更重要，而让醉酒的伴侣睡沙发或者地上……

总而言之，强迫者总是在以某种特定的方式生活，不愿变动也拒绝改变，他们殚精竭虑，内心笼罩着不完全感，经常处于莫名的紧张与焦虑中，对突如其来的变化总是不知所措、难以适应，接受新事物较慢，在人际交往过程中会给人一种固执、古板且缺乏生命力的印象。

◆ 控制欲极强

强迫者之所以极度自律，正是因为他们的控制欲极强，他们需要让每一步都在自己的掌控之中，因此才会表现得强迫、固执。

强迫者喜欢控制、支配自己和他人按照自己认可的原则行事，以确保一切按照自己的计划进行，如果他人没有服从他们的做事方式，他们会拒绝与对方合作，严厉地批评对方甚至与对方发生冲突。强迫者坚定地认为自己掌握最正确的行事方式，因此他们有权利控制他人的行为和选择按照最佳标准来行事。

当强迫者不能保持对自己和外界的控制时，他们可能不会像其他类型的人格障碍者那样直接暴怒,他们会为此懊恼,并且间接地表达愤怒,比如当公路收费站的工作人员态度很差时,强迫者可能不会直接地怒斥工作人员,但是会反复掂量和思考如何匿名举报这个人。

在其他场合,强迫者也可能在看似很小的事情上用正义和道德绑架的方式抨击那些不符合自己刻板观念的人事物。

值得一提的是,唠叨往往也是强迫者控制欲的体现,其底层逻辑是"我希望你好,但你只能按照我期望的方式好,并且我期望的方式就是毋庸置疑的最好的方式"。而这种"唠叨"披着"关心"和"我都是为你好"的外衣,往往令被唠叨者的真实意愿无法舒展。

与强迫型人格障碍者相处的合适边界

强迫者的人格特质会促使他们自律、上进、争强好胜,但长此以往,不但会让他们的身心过度疲乏、耗损,也会影响他们的职业生涯,让他们身边的人深受其害。如果你需要与强迫者相处,我建议你:

(1)不要轻易打乱他们的计划。

强迫者有着非常强的秩序控制欲,力求井井有条、细致、严谨,所以请尊重他们的执念,不要粗暴地指责或者反驳,不要消极地评价他们"小题大做""没事找事"。

允许强迫者按照他们特有的方式控制他们自己的生活,尽量不要去干扰,不要给予惊喜或者强行改变他们的计划,也不要在他们忙碌的时候穿插紧急任务,这会让他们十分痛苦,也无法很好地完成手头的任务。

如果你的下属是强迫者,请在指派任务之前给出规划和预期,让他们接到任务时有据可循。

如果你要去强迫型朋友的家里吃饭,或者要与强迫型伴侣约会,请提前告知具体的来访人数、时间等细节,以便方便对方提前做准备。

(2)要信守承诺,有意外情况,请提前告知。

与强迫者相处时一定要守时守信,如果出现意外情况,请尽量提前告知,并明确表达歉意,也做好被强迫者指责或者抱怨的心理准备,对做不到的事,不要承诺。请理解强迫者的较真,不要过多嘲讽。

(3)了解与强迫型人格障碍者的沟通方式。

与强迫者沟通时,要做到倾听、直接、正向反馈。

倾听是指耐心了解强迫者的想法、原则和规矩,请直接地表达你的疑问以及需求,因为强迫者洞察他人需求和言外之意的能力是不足的。正向反馈指的是正向表达对他们行为的看法,比如"你把这些东西摆放整齐的效果挺好的,我并不想这么做,之后由你来整理就好",不要直接给予消极评价,如"你是不是有病?烦不烦?一直规定这些"。消极评价会让人迅速开启防御机制,进入

5 按照我的规矩来！与强迫型人格障碍者的日常

攻击状态。

如果强迫者因为追求完美而造成项目拖延，你也要直接地表达对他们行为的看法，比如"你很细心地把PPT的颜色调得很好看，但是今天下午3点我们开会需要用，目前需要你先把大纲做好，再调整颜色"，而不是"你做事没有分轻重缓急，效率极低，非常糟糕"。消极评价可能会导致强迫者进一步自责，效率变得更低。

（4）合理发挥强迫型人格障碍者的优势。

强迫者做事一丝不苟，能够出色地独自完成许多特定的任务，比如将会计、质检、财务等类型的工作分配给他们，让他们最大限度地发挥自身的优势。

（5）不要企图改变强迫型人格障碍者，请允许他们挑剔、抱怨，但可以不认同。

强迫者的强迫行为是自洽且自我认可的，想要改变他们多半徒劳无功，如果要与强迫者长久相处，就需要有较强的自我感和心理素质，面对他们无尽的唠叨、指责和抱怨，听自己愿意听的，忽略不愿意听的。

总而言之，我们无法从不健康的关系中获得健康的体验，面对人格障碍者，早发现，早与其设立安全边界，能够省去很多麻烦。

没有你我活不下去！

与依赖型人格障碍者的日常

How to
Get Rid of Implicit Control

"你现在在做什么?"

"你刚才在做什么?"

"你已经好一会儿没回我消息了,你是不是不爱我了?"

"我把工作辞了去找你吧!"

"你说什么我都愿意配合。"

"没有你我一刻都活不下去!"

……

这种黏人、顺从且受控的伴侣,你喜欢吗?

与依赖型人格障碍者相处时的感受

当爱情来临时,我们往往会因为对方对自己的信任和依赖而欣喜,这让我们产生一种自己很重要的感觉,但是当对方黏人和依赖的程度超过正常界限的时候,这种亲密关系只会带给彼此无尽的负担和疲惫。而这种过度黏人和顺从的人格类型,就是"依赖型人格"。

患有依赖型人格障碍的人就像藤壶一样,紧紧地吸附在所寄生的宿主上,给宿主带来极大的负担和危害。

在亲密关系初期,小鸟依人的依赖型伴侣可能会极大地满足我们的控制欲和自尊心,他们什么都听我们的,按照我们的喜好打扮自己,按照我们的意愿来行动,一切以我们为主,不敢提出任何不同的意见……但是与其相处久了,我们会发现他们所有的事都需要我们操心、拿主意:当我们因为手头的急事而没有即刻回复他们的消息的时候,他们就会不停地打电话联系我们,满世界地找我们,直到联系上我们为止;当我们需要他们帮忙处理一些生活琐事的时候,我们会发现,没有我们的指令,他们什么都决定不了、做不了;当我们想有自己独立的空间休息一会儿的时候,他们会又哭又闹地让我们不得安宁;等等。我们需要牺牲自己的大部分时间来照顾他们的情感和生活,成为他们形式上的母亲或者父亲,他们紧紧地吸附着我们,没有自主意识,这会让我们透不过气来。

由于极端地没有自我和自尊,依赖型人格障碍者(书中简称"依赖者")常常会让人感到负担重、疲惫、无奈和绝望。

很多人都体验过"妈宝男"和"妈宝女"带来的绝望,这种类型的依赖者可能在与你相恋的过程中长时间依赖你生活,他可能会每天花心思讨好你、缠着你,向你索取大量的情感关注和物质照顾,让你感到甜蜜的负担。然而,某一天,"妈宝"的妈妈或者爸爸以"生肖不和"这种荒唐的理由阻止你们继续交往时,"妈宝"就会立刻表示要和你分手,并表示自己对你们的关系无能为力,没有任何办法。无论你怎么与其沟通,这类"妈宝"都无动于衷,他们无法忤逆爸妈的命令，这也会让你感到非常无奈和绝望。

依赖者的爱表现为"过度的依赖"，他们会过度索取我们的关注、支持和照顾，对生活中的大事小事都无法自己做决定，将所有的责任全部推卸给我们，事事与我们捆绑在一起，紧紧地看着我们，让我们渐渐失去自由。虽然与边缘者相比，依赖者温和许多，但其软性控制也是控制，最终会让我们感到受约束和厌烦。

压力和焦虑也是与依赖者相处时常会体验到的感受，因为我们不但要承担自己的生活和人生责任，还要承担依赖者的那份，他们的喜怒哀乐全来源于我们，如果联系不上我们，他们会感到焦虑、不开心。即便是基本的生活技能，他们都需要依赖我们，由我们负担，小到衣食住行，大到职业规划，全都是我们的"责任"，我们不帮他们打点好，就会被持续责怪，或者忍受他们不断的抱怨、哭闹或者道德绑架。

孤独感也是与依赖者相处时会体验的感受，因为和他们在一起，我们只能听见自己的回声，我们说东的时候，他们不会说西，当我们困惑，想和他们探讨一些问题的时候，会发现他们毫无想法，也不会表达自己的意见，即便我们很明显地察觉到自己做错了一件事，他们也会默许我们的错误，不会表达他们的看法，我们仿佛在与一只温顺又黏人的宠物相处，而不是与一个有独立思想、有情感的人相处。

由于过度恐惧分离和被抛弃，依赖者会在亲密关系里忍受虐待，这会间接地滋长人格有问题的伴侣的虐待欲，语言暴力或者家暴会日趋猛烈,往往最后会发展到无法收拾的地步,不但对依赖者的身心造成巨大的损害,也会让人格有问题的伴侣病态加剧,虐恋关系最终会造成双方的身心严重消耗。

为何沉迷于依赖型人格障碍者

难道依赖者带来的全都是痛苦吗?他们就没有任何优点吗?温柔难道不是他们的优点吗?……

当然,依赖者是有优点的,在亲密关系初期让人沉迷的正是这些优点。

依赖者温柔、顺从和讨好他人,会最大限度地满足人们的自尊和控制欲,觉得自己很重要也很被需要。

亲密关系初期,我们也许会享受小鸟依人的依赖者带来的温柔时光,他们什么都听我们的,每天都按照我们的喜好打扮自己,也愿意按照我们对伴侣的幻想来"打造"自己,不会忤逆我们,也不会攻击我们,最大限度满足我们对伴侣的所有幻想。

依赖者也会把我们视作他们的一切,我们的喜怒哀乐是他们唯一的风向标:我们开心的时候,他们也开心;我们痛苦的时候,他们也难过;即便遇到他们不愿意、不喜欢的情况,他们也会把我们的需求和选择放在第一位。我们也许会被这种非常的重视和支持融化,愿意让依赖者成为自己甜蜜的负担。

如何摆脱隐性控制

当我们想结束这段感情时，依赖者会泪流满面地求我们别离开，用各种方式告诉我们，他们离不开我们。这很可能会触发我们的心软和于心不忍，担心他们没有我们的保护而无法顺利地生存，他们是那么弱小和无助，我们不知道他们没有我们该怎么办，于是我们很可能继续与他们在一起，继续承受这份甜蜜的负担。

如果你是一个自卑、孤僻或者控制欲很强的人，依赖者尤其能讨你欢心，因为他不会像其他人一样轻视你或者攻击你，只要你愿意照顾他，他就会无限度地宽容你的缺点，给你非常的赞赏和支持，甚至允许你对他发泄情绪、实施暴力，他会尽可能满足你各式各样的无理要求。依赖者的自我牺牲可以达到令人意想不到的程度。

在人际关系中，依赖者很容易激发我们内在的母性本能或者父性的照顾欲，他们看起来实在是太弱小和脆弱了，他们如此乖巧地依附我们，甚至与我们不分彼此，一切以我们的选择与决定为主，对于本就习惯于过度背负责任或者过度渴望被需要的人来说，是非常有吸引力的，因此双方很容易建立起稳固的依赖共生关系，既是伴侣，也是"母子"或者"父女"。

"依赖共生"关系的意思是，处于依赖共生关系的依赖方可能会失去内在的自我，需要依赖他人的照料来感知自我的存在，而照料方则是依赖这个人对自己的依赖，进而强制性地照顾对方，来维持对方对自己的依赖，双方由此建立一种稳固但病态的控制关系。

在心智还不成熟的时候，我们会渴望建立"依赖共生"的关系来回避成长过程中未完成的联结和分离造成的创伤。处于依赖共生关系的两个人既不能合适地联结，不能合适地保持人格的独立，也不能建立平等合作、共同成长的关系，而是在相互控制的基础上，用"试图将两个人格不完整的人组合在一起，创造一个共同的完整的人"，缺一不可，谁离开谁都无法自由地感受和行动。处于共生关系的两个人关注的都是如何控制对方，而不是自我成长，最后两个人无法成长，陷入虐恋关系，却又无法分离，进入病态的循环。

在对自己的心智成长和所处的依赖共生关系没有明确的意识之前，我们会被依赖共生关系套牢，甚至追求依赖共生关系，误解这是爱情，进而无法拒绝或者结束这种极其消耗双方身心健康的关系。

依赖型人格障碍者的特征

下面是依赖者的六大常见特征，稳定地符合其中三个以上特征，就表示其有可能是依赖者，而且依赖程度较严重。在与其交往初期就要保持适当的距离，以免深陷纠缠之中。

◆ 缺乏主见

依赖者如果没有他人过度的建议和保证，便难以做出日常的决定。比如出门应该穿什么颜色的衣服、出门是否要带伞，甚至应该选什么样的对象、该和谁做朋友、选择什么样的工作等，他们都倾向于听从他们所认为的照料者的指示，对不合理的指示也不敢质疑和拒绝。

生活中的"妈宝""爸宝"就是较为典型的缺乏主见的依赖者，一切都以"我妈说……"或者"我爸说……"为准，甚至不会思考父母所下达的"命令"的合理性。

我的一任男朋友是"妈宝男"，他的妈妈因为我和他来自不同的城市而诋毁我一定是外地诈骗、搞传销的，因为对他们家图谋不轨，才和他在一起。而这个"妈宝男"不敢反驳他妈妈的极端看法，而焦虑地要和我分手。我问他："你对我的真实感觉和看法呢？我们相识这么久，以你对我和我家的了解，你觉得你妈妈说的是事实吗？"他说，他不知道，他妈妈不喜欢的人，他也不敢交往。对毫无主见的他，我也感到十分灰心和沮丧，于是与他草草地结束了一年多的恋情。没过多久，他就与他妈妈看上的同一个地方的女孩子闪婚了，他们从相识到结婚不过两周。

在我过往的咨询者中，也有很多人遭遇过"妈宝男"或者"妈宝女"，对方的父母觉得"两个人生肖不合适""女生年纪大了两岁，很掉价""男方没有给足高昂的彩礼"等荒唐的原因而阻止自己的孩子和对方在一起。依赖者往往会不加思考地立刻认同父母的命令，与相恋多年的对象分手，即便自己也很难过，也以父母的意愿和想法为准，这让他们的伴侣十分绝望。

依赖者害怕犯错，缺乏独立思考的意识，因此往往无法独自面对生活中的困难和挑战，一切决策和行为都依赖他们所认可的照料者的指导，这个照料者可能是他们的父母、他们的师长，也可能是他们的伴侣，总之，不是他们自己。

◆ 逃避责任

依赖者缺乏主见，是因为他们没有勇气承担后果，他们坚定地认为，只要自己将选择权让给别人，就可以逃避责任。因此，依赖者会将自己的所有责任都推卸给别人。比如，依赖者会让父母决定自己应该在哪个城市生活，为其承担购买房子的责任，如果他们在那个城市生活得不如意，就可以完全责怪父母，让父母负责重新为他们选择城市、购买房子。依赖者会让伴侣决定自己应该选择什么样的工作，在工作过程中遇到任何问题，就可以完全把责任推卸给伴侣，让伴侣替自己完成工作、善后，或者重新为自己找工作，等等。

生活中的依赖者无论遇到大事小事都难以自主下决定、做选择，以此逃避责任。如果领导没有下达明确的工作任务，他们就不知道自己该做什么；如果同事没有明确地告知午饭怎么选择，他们就无法自己点午餐自己吃；如果伴侣没有明确地告知希望自己的伴侣是什么样的，他们就无所适从，陷入混乱；即便是需要自己负责的紧急时刻，比如伴侣因重大事故住院，医院需要家属签字同意做手术，他们也会因为没有联系上父母，没有得到父母明确的建议，而无法决定自己是否该签字，最后耽误伴侣的有效救治时间；等等。

依赖者不愿承担任何该自己承担的责任，总是把错误归咎于旁人，他们常常会有"我不能""我不可能""不是我""我不得不"等说辞，他们认为自己的情绪、生活、人生全是别人的责任，生活有保障的时候会觉得是因为自己"听话",生活没保障的时候会觉得"都是别人抛弃自己所致"。

依赖者常常会指责别人"因为你不回我消息,都快把我逼疯了""要不是因为我爱你,我怎么会辞掉工作大老远地跑来找你""要不是因为爱你,我怎么会愿意依赖你,让你给我安排生活起居",等等。在依赖者的潜意识里,他们自己情绪不佳、没有自我、无法独处、工作不尽责、生活消极,全是他人的责任。

由于依赖者从不承担自己的责任,他们自身和生活中的问题始终存在,无法解决,因此他们的心智也无法成熟,常常会成为他人或者社会的负担。不能解决问题的人,最后会成为别人的问题。

◆ 过度讨好

依赖者极度缺乏安全感,对外界心怀不安和恐惧,他们坚定地认为,自己只有找到稳固的"照料者"才能够继续生存。为了让自己能够处于被保护和支持的关系,他们会表现得谦逊、顺从、奉承、迎合,以牺牲自己的意愿和个性的方式来讨好"照料者"。

依赖者难以拒绝别人,特别是难以拒绝"照料者",也不敢提不同的意见和观点,他们难以独立地生活,以至于他们觉得"照料者"有明显错误的观点和行为时也会默认和支持。比如前面提到的例子,当依赖者的母亲诋毁自己的伴侣的时候,即便他很清楚事实不是他母亲所认为的那样,也会顺从他母亲的意愿,与母亲一起诋毁自己的伴侣,因为对依赖者来说,母亲是他内心无法撼动的"权威照料者"。即便伴侣让依赖者做明显伤害他人的事情,依赖者也很可能会顺从,比如充当校园暴力里"听话"的打手、工作中"听话"的财务工作人员,抑或包庇已违法犯罪的伴侣。依赖者会尽所有的努力来避免自己被"照料者"疏远,避免分离,因此依赖者难以合适地表达愤怒和拒绝,更不敢表达自己的意愿和看法,以致他们长期处于三观模糊、情绪压抑的内耗状态。

依赖者非常需要他人的保护和照顾,也常常会表现出弱小的姿态,平日里看起来幼稚,像孩子一样在各方面都表现出幼稚化。依赖者一旦与他们认定的照料者建立依赖关系,就会把自己的情感、自我和自尊全部丢给对方,照料者的判断就是自己的判断,照料者的情绪就是自己的情绪,所有的决定也需要照料者做出,他们会直接放弃自主权,一切都听取照料者的意见,而自己不愿承担任何责任。依赖者潜意识里坚信,只要顺从照料者对自己的"完美"想象,他们就能稳固地被照料、收获价值感。

虽然表演者也对关注和支持有着极端的需求,也会表现出孩子气、黏人,但他们通常以公开炫耀与他人的关系以及强势地要求被关注为主,而依赖者则以顺从和讨好的姿态为主,相对低调一些,这是表演者和依赖者的一个明显区别。

值得一提的是,如果一个人处于被胁迫的环境,或者患有斯德哥尔摩综合征,虽然表现出依赖型人格障碍的特征,但实际上不属于依赖型人格障碍者。

◆ 恐惧"独立自主"

依赖者对自己的能力缺乏基本的自信,难以自主独立地做事,如果没有他人明确的指导,他们就无法开始行动。不论是生活还是工作,依赖者都过度需要得到帮助和指导,他们很可能将事情拖延到有人帮忙或者替代自己做事为止。比如依赖者和照料者来到一个新的城市,依赖者会等到照料者或者其他人帮忙拿行李才肯离开车站或者机场,要不然就会持续在原地等待;如果家人或者伴侣没有为依赖者安排好住所、承担居住的费用,依赖者难以自主地租房或者买房。

依赖者坚信,没有照料者的照顾或者他人的帮助,自己无法独立生活,并且不会主动学习独立生活所需的技能。他们时常表现得手足无措,极度需要帮助和照顾,唯有在照料者过度的监督、保证和称许的情况下,他们才愿意少量地学习一些基本的生存技能或者做一部分基本工作。对于依赖者来说,独立生活的能力会导致分离或者被抛弃,因此他们竭力避免自己学会独立生活的技能。

依赖者常常自我怀疑,看待事物时也万分悲观,他们会尽可能地低估自己的能力以及资源,时常自我贬低,自称"愚蠢",潜意识希望通过自己的弱小和无能来激发照顾者的保护欲,从而得到照顾。他们还会把他人的批评和不赞同视为自己没有价值的证据,进一步对自己失去信心。如果依赖者被迫开始独立生活或者工作,这种自我贬低的习惯会让他们的生活和工作受到极为消极的影响。

◆ 为了得到照顾而忍受虐待

依赖者为了获得所需的关爱和支持，即便照料者的要求并不合理，他们也愿意服从，那些在虐待关系里百般忍耐、不愿离开的人很大一部分患有严重的依赖型人格障碍。

为了避免分离和独立，依赖者会长期忍受语言暴力或者家暴，当外人对他们所遭受的虐待实施帮助或者救治的时候，他们依然会为家暴者辩解，避免自己与家暴者分离。

本书提到的所有难以相处的其他类型人格障碍者，如果被依赖者视作自己的照料者，依赖者就会以极端顺从的方式来忍受这些类型人格障碍者的病态，尤其受控制狂和虐待狂的青睐，依赖者往往会从这些病态人格障碍者的虐待中找到自己的存在感和价值感。

◆ 无法独处

独处和孤独会导致依赖者严重的焦虑和无助反应，也会产生抑郁障碍和焦虑障碍，因为他们会过度担心自己在独处的状态下无法照顾自己。为了避免独处和孤独，即便很多地方不想去或者很多事情不愿参与，他们也会一股脑地追随他们认为重要的照料者。

对于依赖者来说，独处意味着自己无法生存、毫无价值、生不如死，这也是他们疯狂黏人以及顺从他人的原因。当依赖者的一段人际关系结束时，他们会迫切地寻求另一段关系作为支持和照顾的来源，他们会迅速找到"下家"，不加选择地依附新的"照料者"。

对于依赖者来说，只要对方能够满足自己的依赖需求，具体是谁并不重要，只要对方愿意背负他们的责任，提供关心和保护，新的依赖关系就能开始，哪怕双方并没有产生好感或者爱情。

依赖者的社交圈往往局限于几个他们可以依赖的个体，在依赖者眼中，只有天天黏在一起才能感到安全，证明双方对彼此的爱；一旦失去与照料者的联系，或者感受到对方的不耐烦，依赖者就会非常焦虑和惶恐。为了维持非常亲密的关系，依赖者会做出极端讨好的努力。

虽然依赖者和边缘者都极端渴望关注和关爱，但依赖者通常以软弱、顺从和黏人的方式来维护关系，而边缘者往往会以激烈的攻击来威胁照料者"不许离开"，这是两者的明显区别。依赖者的控制是软性的，而边缘者的控制十分强硬、暴烈。对于依赖者来说，只要找到新的可依赖者，自身的焦虑、抑郁或者轻生念头就能有所缓解。而边缘者可能会陷在一段已分离的关系中久久难以忘怀，甚至在多年后依然对曾经的"抛弃者"心怀怨恨和报复心理。

依赖者唯一认可的生存方式便是找到可以依赖的照料者，并用讨好和顺从的方式索取照料者所有的关注、情感和照料。比起其他类型的人格障碍者，依赖者极其重视人际关系，尤其是照料者的人际关系。在父母面前，他们听话、乖巧；在上司面前，他们唯命是从；在自认为重要的权威面前，他们极尽赞美和奉承。他们这种行事方式确实会讨得一些孤僻者以及病态者的欢心，使虐恋关系稳定而持久。

为了迎合照料者，依赖者长期否定自己的意愿和个性，终会破坏亲密关系，也让自己陷入抑郁，所以这种人格障碍是十分自耗也消耗他人的，依赖型人格障碍者也常患有边缘型人格障碍、表演型人格障碍和回避型人格障碍。

与依赖型人格障碍者相处的合适边界

健康的亲密关系中，双方是相互依存的，都有承担自己的情绪、需求、生活以及人生责任的能力，彼此通过正向沟通和相互合作来满足彼此的需求。在这种健康的依存关系中，双方都能体验到人与人之间最深刻的联结，彼此平等相待，没有控制，也没有牺牲，彼此充分得到成长，激发潜能，提升创造力，体验亲密关系和生活的美好。

而在依赖共生的关系中，双方形成了病态的奴役或者圈养关系，无法成长，不断地试图相互控制，并用自身未解决的问题来指责对方，并期望用这种控制来让关系更亲密，以满足自己对爱和照顾的渴求。如果关系中的双方都把自己的需求推给对方来承担与满足，都避免关注自身的发展，而希望对方替自己成长，那么最后形成的是稳定的、导致心智倒退的虐恋关系。

如果想从依赖共生的关系中成长或者解脱，就需要关系中的一方（通常是照料方）意识觉醒，了解和识别自己所处的依赖共生关系，停止对依赖方过度的照料和控制，完成自身的成长任务，并引导依赖方识别和完成其自身的成长任务，其中就包括分离。

如果在相识初期就能敏锐地识别对方是依赖者，请尽早与其保持合适的距离，不要与其发展亲密关系，因为依赖共生关系一旦建立，再想摆脱就会变得十分困难。

如果你已经深陷与依赖者的依赖共生关系，感到疲惫不堪，想要结束这段关系，那么你需要有充分的耐心来处理和依赖者的分离。

（1）为他联系一位对缓解和治疗依赖型人格障碍有经验的咨询师。

依赖者难以面对独处和分离，面对分离时往往毫无自尊地委屈求全，乞求你不要离开，这可能会让你心软，继续与其纠缠。依赖者也会通过道德绑架的软性方式来阻止你离开，比如表达"我已经怀了你宝宝，你必须负责""你如果离开我，那我活着也没有什么意思了"等，以负担的极重方式来挽留你，也会让你陷入两难，无法决绝地离开。

对于依赖者来说，空窗期是最令他们恐惧的时段，为了避免体验空窗期，他们可能会胡乱地选择一个新的"宿主"，盲目地开启新的恋情，这也容易让他们陷入遇人不淑的危险。如果你是一个责任感过重的人，或者习惯了照顾对方，会难以放心地离开。

因此，找到一个健康、正向的"帮助者"，也就是对应的心理咨询师，帮助依赖者度过分离的痛苦期是一个可以尝试的方案。

（2）正向表明你的态度并且克制心软以及控制欲。

与依赖者分手时，请正向表达你的希望，比如"我希望我们能够各自学习独立和成长一段时间，我会尽力，我相信你也可以做到，我们可以时常分享练习独立的过程和收获"或者"我们不合适，但这不是你的错，我想自己生活一些时间，如果你在空窗期感到害怕，我可以陪伴你一些时间找一找新的伴侣"等。不要过分指责和羞辱依赖者，以免加剧他们的自卑与恐惧，触发他们轻生的念头。

通常情况下，难以忍受空窗期的依赖者会迅速找到下家，建立新的依赖共生关系，这个过程可能也会触发你的占有欲，令你感到吃醋或者背叛，请练习承担和排解这些负面情绪，而不要以与依赖者恢复控制关系来应对。

（3）为自己联系一个心理咨询师，帮助自己度过与依赖型人格障碍者分离过程中的失控期。

长期的依赖共生关系也会让你在分离的时候痛苦不已，学习和拓展关于改善依赖共生关系的认知和练习是有必要的，以避免下一段恋情重蹈覆辙。

在心理咨询师的帮助下，你可以了解和识别自己在依赖共生关系中未被治愈的心理创伤，并努力治愈和完善自己，提高自己对自身的认识以及如何应对当下的情形，随机应变做出更好的选择，练习关注我自我，了解如何更明智地识人以及与他人建立健康的相互依存的关系。

（4）了解"依赖共生"与"相互依存"这两种截然不同的关系的运行机制，练习建立一种平等互助的新关系。

从有关心智成长和亲密关系相处技巧的书籍或者资料中学习，不断地尝试与他人划定安全的边界、勇敢地拒绝、智慧地识人、正向沟通以及如何经营一段健康的亲密关系。

（5）学会承受自己的情绪，梳理自己的愧疚感或者担忧。

依赖者善于使用道德绑架，做起来较为柔和、弱势，这会让你在与他分离的过程中感到愧疚、有负担，担忧他之后是否能够好好地生存，最终容易导致彼此继续陷入病态的纠缠。

学会承受自己的情绪，允许自己体验愧疚和担忧，但不以持续过度照顾依赖者的方式来缓解，你的心软只会让依赖者在依赖共生的道路上越陷越深。

必要的时候联系依赖者的朋友或者家人，为其提供暂时的陪伴，也能够一定程度缓解你的愧疚和担忧。

如果你意识到伴侣是依赖者，并且你们已经陷入依赖共生的关系，你愿意与依赖者在关系中一起成长，那么你可以考虑以下的相处建议。

（1）适当地设立边界，多鼓励对方独立地解决问题。

依赖者在工作中遇到了困难，想请你帮他解决，你可以先耐心地询问他的想法，并鼓励他尝试实践自己的想法，在他完成之后给予肯定和支持，而不要继续大包大揽他的大部分责任，而是要慢慢培养他独立思考和实践的能力。

（2）引导他重视自己的意愿和需求，发展他的内在自信。

接纳你的伴侣是依赖者这个事实，不要一再地拿这个问题来责怪或者攻击他，要耐心地了解他真正喜欢的人事物以及他的真实意愿，鼓励他按照自己的意愿来沟通和做事，并给予非常的支持和认同，慢慢培养他自我支持的自信。

(3) 提升他的内在价值感。

有意识地引导依赖者做决定，例如"你喜欢这条裙子还是那条裤子？""今天你想吃火锅还是烧烤？""你喜欢待在家里还是去逛街？"，不断扩大他的选择空间，支持他的选择，让他慢慢养成支持自己选择的习惯，引导他慢慢走出没有主见的牢笼。

当然，也要意识到，依赖者的变化是非常缓慢的，一旦面临分离，会产生应激反应，很可能前功尽弃，所以你的耐心是非常重要的。在这个过程中，你也要不断放下自己"被需要"和"控制"的欲望，以无条件地接纳和支持他的意愿为主。

7

别离我太近！

与回避型人格障碍者的日常

How to
Get Rid of Implicit Control

一遇到喜欢的人或者喜欢自己的人就惶恐不安，百般犹豫该不该拉近彼此的关系。

好不容易鼓起勇气拉近彼此的关系了又很想逃离，觉得自己不配被爱、不想太过亲密、害怕分离，于是开始回避亲密接触，变得忽冷忽热又若即若离。

因为不敢面对朋友或者伴侣的冲突情绪，选择冷战。

不懂如何爱人，也常常感觉自己不配被爱，但又渴望与他人建立亲密的依赖关系……

这种矛盾的状态，是回避型人格障碍者（书中简称"回避者"）的真实写照。

与回避型人格障碍者相处时的感受

与回避者相处，最明显的感受就是无能为力，他们好像很需要伴侣，但又让其伴侣无法靠近，充满防备和回避，让其伴侣感到沮丧、迷茫。回避者不善于表达自己的情感，面对感情的时候小心、谨慎、被动，他们常常让伴侣觉得他们在故意制造距离。实际上，他们并不是不需要爱,而是习惯通过保持距离的方式避免自己恐慌,也避免自己失望,这种分裂式的爱会让其伴侣困惑,也会让伴侣感到疲惫。

面对回避者频繁的"冷暴力",其伴侣也会感到无奈、无助。每当双方发生冲突,回避者就会像鸵鸟一样躲起来,拒绝沟通,也不愿主动解决问题,只是独自生闷气,并以不理其伴侣的方式间接地表达不满和恐惧。在外人看来,回避者有些孤僻,而只有其伴侣才知道那种孤独、冷漠和绝望的感受。很多情况下,回避者遇到了挫折,也不会选择与其伴侣分享,也会开始自闭,而其伴侣会感到莫名其妙被冷落,不知道发生了什么,也无法有效地沟通,因为他们什么都不愿说。

回避者缺乏自爱的能力,也不懂如何爱人,在亲密关系中常常会压抑自己的情感,对于负面情绪,他们总是逃避,以致负面情绪越积越多,难以排解。回避者也不会主动与伴侣分担生活的压力,无法与伴侣合作解决问题,面对问题时只会逃避,或者把责任全部推卸给伴侣,让伴侣感到委屈、压抑和焦虑。

回避者对亲密关系常常感到恐惧、不安,他们渴望伴侣无条件地爱他们,却不敢全身心地爱伴侣,与伴侣相处时充满了防备。当伴侣想牵手的时候,回避者会说自己难为情;当伴侣想拥抱的时候,他们会说自己不舒服;当伴侣想接吻的时候,他们又找理由推却……伴侣无法忍受这种若即若离的折磨,于是想找他们谈心,结果沟通了半天,他们也没有什么回应,伴侣甚至会怀疑自己是不是太过焦虑或者逼得太紧，无法理解彼此的关系到底哪里出了问题，伴侣的亲密需求总是难以满足……渐渐地，伴侣会对他们的关系失去信心，感到绝望。

长久与回避者相处，其伴侣还会感到无趣，因为不论与他们分享什么，得到的回应都是十分冷淡的。当伴侣与他们分享最近工作上的成长，他们回复一声"嗯"；当伴侣与他们分享今天的趣事，他们回复一声"哦"；当伴侣与他们分享最近的烦恼，他们回复一句"这样啊"，或者他们很可能没有任何回复……与回避者相处，分享不再是交心和建立亲密联结的过程，其伴侣可能会感到与他们分享日常是一种自取其辱的行为。回避者也许也有丰富的情感，但因为他们太恐惧说错话，也难以表达拒绝和攻击，最后表现出来的就是很冷淡的态度，他们也许会在左思右想之后不知道回复什么好，于是不回复。其伴侣会感到与其建立的关系是单向的、孤独的、乏味的。

令双方舒适的情感关系在于双方真诚相待、相互信任，两个人都有契机在关系中收获理解、支持和成长，在亲密相处中感到幸福。而与回避者相处往往只能体验到情绪被无视、意愿被忽略、沟通被拒绝的痛苦，难以改善。

为何被回避型人格障碍者吸引

在这个充满自恋者和表演者的时代，人群中那些安静内向的人往往会更容易给人留下好印象：不吵不闹，不以各种方式寻求关注，看起来十分神秘，令人好奇，充满遐想……那个人也许就是一个回避者。

腼腆文静的气质往往是回避者一开始吸引人的原因所在，他们尤其吸引性格外向、喜爱闹腾的人的注意，因为回避者内敛、忧郁的气质往往与性格外向者互补。

由于总处于自卑的状态，回避者的攻击性往往是被压抑的，表面看上去，他们多半温和、怯懦，不具有攻击性，这种柔和的特质也常常吸引偏爱温和的人的注意。

回避者内心戏十分丰富，所以常常给人一种深情款款的感觉。生活中，他们也许并不主动，也与我们接触得不多、沟通得不多，但如果他们对我们感兴趣，我们可能在他们内心的爱情剧本里已经和他们走过了春夏秋冬，因此回避者往往给人一种莫名其妙的深情感，这也让他们有一种神秘的魅力。

由于恐惧社交，内心戏又十分丰富，回避者大部分时候处于独处和内心纠结的状态，他们往往也会发展出一些内秀的才能，在不需要人际交往的学业或者工作领域，他们也许会做得不错，比如绘画、写作等艺术方面的工作，这类工作能够较为充分地发挥回避者天马行空的幻想，让其有逃避现实的可能。因此，一些内秀的才华往往也是回避者的魅力。

回避者还会吸引保护欲较强的人的青睐，因为回避者总是自卑的、沮丧的、无助的，这种脆弱而消极的气质会让一些保护欲旺盛的人渴望"拯救"他们，或者感觉自己被回避者需要，从而被吸引。

回避者一旦与他人建立了依赖关系，通常也会针对性地对这个人充满依赖，虽然他们不善于表达，但这种依赖也会发展成一种依赖共生关系，彼此虐恋却难舍难分。

回避者往往会吸引特定互补的性格外向者或者对他们的内向有美丽的误会的人，但在长久相处过程中，由于他们持续地回避、疏离，往往也会给关系中的另一方带来困扰。

他是回避型人格障碍者吗？

回避型人格又称为"焦虑型人格"，这类人格障碍者恐惧与他人联系，与人交往的过程中内心戏丰富却难以正向表达，在亲密关系中也常常给予伴侣冷暴力，回避沟通，并且长期被自卑情结困扰，因此，回避型人格是让自己和他人都非常无力和疲惫的人格类型。

回避者有七大常见特征，稳定地符合其中三个以上就表明这个人的回避人格障碍倾向较为严重，与自己、与关系中的另一方都难以舒适地亲密相处。

◆ 社交恐惧

回避者害怕批评、尴尬或冲突，因此他们往往会回避人际交往，也会避免从事人际接触较多的工作。

在人多的场合，回避者易感焦虑、紧张，甚至出现手发抖或者面部抽搐的反应，他们常常自感无助、无能，内心怯懦而胆小，生怕在社交场合遭到负面评价或者攻击，进而表现得十分拘谨。然而回避者表现出的拘谨往往会受人调侃，以至于回避者更加抵触社交。

我的咨询者小芸就是一位患有回避型人格障碍的大学生，她平时鲜少社交，但时常会因为感到孤单而前来咨询。她的内心渴望与自己欣赏的同学小梦交朋友，也渴望与心仪的男生大明有进一步的接触。当她对一个人感兴趣的时候，她内心的情感细腻而丰富，也憧憬着与自己欣赏的人建立联结的美好，但她不善于表达，也不敢有所表现。就这样，一个学期过去了，她从未参加过同学组织的活动，也没有勇气与喜欢的同学或者异性多说一句话。她万分害怕小梦不喜欢自己，不愿意与自己做朋友，更害怕大明拒绝自己，最后只停留在暗中观察和暗恋的状态，并为此感到非常困扰、压抑。看到小梦交了新朋友，小芸感到十分失落，看到大明交了新女友，小芸的内心十分沮丧。

当我询问小芸，如果与自己欣赏的同学表达欣赏，或者向心仪的男生表现出喜欢，会发生什么令她恐惧的事。她表示，她觉得自己太平凡了，长得不好看，性格也不开朗，没有人会喜欢她，就算自己表现出对别人的喜欢，也会被对方嫌弃，让对方感到有负担。她也不知道要怎么维护关系，也害怕对方不是自己所想的那么优秀，怕自己失望。

学期结束时，小芸左思右想，还是拒绝了同学们一起旅行的邀请,选择回家与家人待在一起,尽管她与家人常常聊不上几句话,也难以相互理解和支持,但这让她感到更安全,也能因此化解一定的孤独感。

我问小芸为什么不尝试着参加同学的活动。小芸表示,自己常常因为太紧张而出洋相——说话语无伦次或者面红耳赤。上高中的时候,她参加了一次同学聚会,她唯一的朋友整个聚会过程中都在招呼其他同学,让在角落无所适从的她感觉如坐针毡,好不容易熬到活动结束,她便下决心再也不想体验这种窘迫感……

社交受挫后选择逃避,也是回避者的典型特征。

伴随着严重的社交恐惧,回避者也容易产生广场恐惧,或者同时患有抑郁症和躁郁症。在人多的场合,回避者也较容易产生创伤性的应激反应。

◆ **过度敏感,易感羞耻**

因为过度害怕暴露真实的自己或者表达自己真实的想法之后被他人嘲弄或者羞辱,回避者在关系中往往会表现得十分拘谨,他们很容易脸红或者哭泣,也常无法完整、正向地表达自己的情绪和观点,他们更不愿分享自己的日常,所以回避者日常给人的感觉往往是"害羞的""胆怯的""孤僻的"和"有距离的"。

出于强烈的交朋友的情感需求,小芸经过反复的纠结和思量,终于在大学第二学期尝试鼓起勇气与自己欣赏的同学小梦交流,表达对小梦的欣赏与喜爱。小梦也对她表现出了友善。两人互加了微信,这对小芸来说是一个很好的开始,她也为自己与小梦进一步认识而默默感到欣喜。但没过多久,小芸又遇到了令她感到十分困扰的问题——她发现,她给小梦的朋友圈点赞、留言,小梦并没有回复她。为此,小芸深感焦虑,不断反思自己的留言是否合适,回想着她们接触的每个细节自己表现得是否得体,将这一切归因为"自己果然不招人喜欢",并为此痛苦、失眠许多天。直到小梦在朋友圈里回复她,她才看到她的留言,小芸焦虑的心情才稍微好转,并决定再也不给他人点赞、留言了,因为等待回复的过程对她来说太过痛苦。

回避者的心敏感、脆弱,在与人交往的过程中,他们对他人积极的评价感到焦虑、抵触,坚信"别人对我有太好的期待,我不配"而选择疏远对方;而他们对负面评价却非常容易认同也非常在意,他们可能会对每一个细节都过分审查,从而找到他人不满自己、嫌弃自己的证据,并潜意识里认定自己一定会被他人挑剔和批评;对方只是稍有怠慢或者忽视,就会被回避者看作自己没有价值的证据,为此感到羞耻、自责。他们甚至可能因为害怕受到攻击而放弃奖学金、工作机会甚至是升职机会。

虽然依赖者也会捕捉他人的负面评价并将其作为自己没有价值的依据,但他们倾向于因此更加讨好照顾者,而不是逃离关系。边缘者也有接收他人负面反馈的习惯,但他们往往以暴怒来反击,而不像依赖者或者回避者那样主要以内耗来应对。

除非有人非常热情地喜欢自己,不带任何的意见和调侃,回避者才敢勉强地为彼此的关系踏出一小步，而只要对方稍有不满，回避者就会立刻惶恐地与其拉开距离。

回避者渴望与他人联系、建立亲密关系、得到无条件的接纳和爱，但无法承受任何关系中的疏忽和冲突，他们往往会理想化关系，沉浸在自己对完美关系的幻想里，一旦幻灭就会彻底否定现实的关系，并且因无法处理恐惧感和羞耻感而迅速地逃离关系。

回避者对自己身边少数信任的家人或者朋友也会非常依赖和依附，常常会同时具备回避型人格障碍和依赖型人格障碍。

◆ **悲观，消极，自我贬低**

回避者会对他人的消极评价念念不忘，并因此长期自我贬低，即便有的人只是轻微地表达不赞同或者给予回避者一些建议，回避者也可能沉浸在受伤和自我贬低的状态里，久久不能平复。如果遭受了讽刺或者嘲笑，他们会陷入自我厌恶的状态。

回避者倾向于有这样的预期，无论自己说什么做什么，别人都会觉得自己是糟糕的、不足的或者错误的。所以回避者可能会什么都不说也什么都不做，在关系里没有任何的联系或者回应。但表面上风平浪静的回避者私下里可能会反复纠结甚至崩溃。

小芸在一次学科项目合作的过程中添加了她所暗恋的男生大明的微信，因此有了和大明交流学业的机会。为此小芸感到无比羞涩和紧张，每次与大明交流学业都小心翼翼，生怕自己说错话，发朋友圈也小心翼翼，生怕发了大明不认同的内容。由于小芸在沟通过程中十分温和，做事认真、细致，大明对小芸的学习能力表示认可。每当大明赞赏小芸做事细致、逻辑清晰的时候，小芸都会惶恐地表示自己做的都是最基础最简单的事情、自己的智力根本不行、大明不要给她压力等自我否定，常常弄得大明不知道该说什么好。后来，在一次做项目总结的时候，大明提了一些修改意见，并开玩笑表示小芸把其中一个内容漏了。这导致了小芸崩溃，她痛哭流涕地向大明表示她做不了，让大明找别人做吧。她还把大明的微信删除了。无论大明怎么联系和道歉，小芸都拒绝与他沟通。最后，大明无奈地找同系的同学帮忙收尾。

　　自那以后的很长时间里，小芸都沉浸在自我否定的痛苦和纠结中，每每想到大明对自己的失望就痛苦不已，也时常贬低自己，认为自己根本不配与大明成为朋友，嘲笑自己竟然妄想与大明谈恋爱，于是退出了大明所在的项目组，并且不允许同学在学科项目上写自己的名字。大明多次联系小芸想与她沟通解开误会，均被她拒绝了。渐渐地，小芸和大明再无交集。这次项目合作的挫败感导致小芸悲观、消极了很久，连毕业的时候学校安排的实习也不愿意参加，她觉得自己没有工作能力，总是令人失望，于是选择继续留在大学，逃避进入社会寻找工作，开始尝试考研。

　　回避者的内心深处是非常悲观的，这种消极的思维往往会导致他们极易失望、自我否定，并且会把他人所有的怠慢都解读为自己的无能和不讨喜，并且长期受其困扰。

　　虽然强迫者也时常自我苛责、自我贬低，但他们自我否定是源于不满意自己的"不完美",而回避者自我否定是觉得自己根本就一无是处。

◆ 自卑情结

奥地利心理学家阿德勒在《自卑与超越》中提到,我们每个人都有不同程度的自卑感,自卑感会成为我们成长、向好的动力,鼓励我们不断解决问题、变得优秀,以此摆脱自卑感。然而,当一个人觉得对自己的自卑无能为力也无所适从的时候,自卑就不再是这个人向好的动力,而是困住这个人的主要力量,那么这个人就陷入了"自卑情结"。

回避者就是陷入了自卑情结,对自己的自卑感到万分无助,被自卑感击败,因此一蹶不振。

回避者认定自己缺乏个人魅力或者低人一等,不会有人真心喜欢自己,因此他们在社交方面越发笨拙,甚至对社交感到恐惧,进入越恐惧—越回避—越不讨喜—越不愿社交的恶性循环。

在亲密关系中,回避者往往会有强烈的"不配得"感,觉得自己不配被人喜欢和支持。当回避者难过、痛苦时,自卑情结会阻碍他们向他人求助、寻求安慰,他们害怕被否定和指责,更害怕求助的过程影响自己在对方心中的形象,所以他们会压抑自己的负面情绪,最后内耗成严重的心理创伤,同时也让亲密关系越发疏远,令人疲惫。

自卑情结也会完全地限制回避者充分发展和发挥自己的潜能,

他们可能会因为过度自卑而放弃很多难得的机会，比如保研的名额、职位的升迁或者与喜欢的人相恋等。自卑情结也会让回避者养成容易放弃的习惯，以至于对自己的基本权利也可能放弃。

◆ 回避挑战和冲突

由于长期被自卑情结困扰，回避者的心理承受能力十分弱，抗压能力也不足，哪怕是一点点挫折也有可能给他们带来巨大的打击，使他们陷入悲观的恶性循环……因此回避者往往不愿意面对挑战、应对困难，他们会夸大潜在的风险，往往还没开始行动就认定自己一定会失败，最终导致行动上的回避或者逃避。

由于害怕冲突、拒绝和负面评价，回避者面对冲突时会表现出鸵鸟心态。当朋友或者恋人表达愤怒时，回避者往往会逃离现场，以无限的逃避和冷暴力来应对。

冷战是回避者善用的逃避冲突的方式，一旦人际关系发生冲突，回避者就会在自己情绪崩溃前逃离冲突环境，以压抑自己的情绪波动，变得被动、消极，除非对方自行好转并百般求和，否则回避者会持续逃避联系。

◆ 恐惧亲密

回避者渴望亲密关系，渴望无条件的接纳和喜爱，也渴望有人可以信任和依赖，同时他们又对亲密关系充满了恐惧，他们害怕被拒绝，害怕被嫌弃，害怕被依赖，害怕被抛弃，害怕分离……总而言之，他们害怕在亲密关系中受伤，这种对伤害的恐惧远远大过对亲密关系的需求，所以回避者往往喜欢沉浸在自己的恋爱幻想里，而难以接受真实的亲密相处。

回避者在亲密关系中往往忽冷忽热，时而想拉近关系，时而又恐惧、退缩。在这个过程中，回避者努力地平衡自己内心的幻想与现实，但往往难以适应现实的不完美，宁愿逃避，陷入自己的幻想里。

前面提到的小芸从小就向往电影《泰坦尼克号》里那种热烈、至死不渝的爱情，因此她潜意识里觉得爱一个人就需要超越生死、有以死明志的勇气，而现实生活中这样的爱情其实极其少见，所以小芸坚信这个世上并没有她认可的爱情。在与有亲近可能的人交往的过程中，对方若表现出一丝的不满或者冲突，她就会觉得对方不是合适的伴侣人选，十分失望和不满，头也不回地逃离。

回避者内心有着自己认可的"理想爱情"剧本，他们可能会觉得对方要像《神雕侠侣》里的小龙女一样清冷、专一，或者双方像传说里的许仙和白娘子那样有缘千里来相会，总之，他们理想的爱情不会是现实的、不完美的、有冲突需要解决的。只要现实有一点偏离自己理想的剧本，回避者就会极为失望，想抽身离去。

在亲密关系中，一开始，回避者会表现得随和、害羞，让其伴侣觉得他们温和又单纯，并且很神秘，其伴侣也许会误以为等双方更熟悉了，他们会向自己敞开心扉。然而，双方忽好忽坏、忽冷忽热地相处了很久，其伴侣最终会发现，他们在双方的关系中设立了一堵墙，从不坦陈自己的真实感受和想法，常常什么都不说，连自己的真实信息也不愿透露，一遇到冲突就选择逃离，这让其伴侣感到非常无力和疲惫。

回避者的内心有一道极强的防御墙，他们认为自己是不完美的、没有魅力的，是不配得到爱的，也坚信"真实的自己"一旦暴露，是会被嫌弃的。在亲密关系中，回避者深信情投意合是自己努力伪装、掩瑕藏疾的结果，因此，他们无法与伴侣真正地亲密。

回避者内心过于脆弱，极度缺乏安全感，为了不让亲密关系伤害到自己岌岌可危的自尊，避免承受难以应对的焦虑和痛苦，他们经常回避亲密之举，无法深入地与他人相处。虽然偏执者也不愿对他人敞开心扉，但他们的动机是以防他人陷害自己。

回避者难以建立亲密关系，即便建立了亲密关系，也长期十分冷淡地维持亲密关系，并且会非常排斥伴侣的亲密举动。

◆ 沟通障碍

由于过度自卑和社交恐惧，回避者的沟通能力往往也会退化。

沟通能力包括表达能力、倾听能力和理解能力，是一个人的情商、认知和三观的重要体现。

回避者表达能力较弱，他们往往有一定的"述情障碍"，难以用语言清楚描述自己的真实感受，也不愿与他人分享自己的真实感受，因此他们的情绪往往处于较为压抑的状态，他们应对情绪的反应往往非常极端，比如突然暴怒、突然崩溃大哭、突然自闭等。

回避者的倾听能力也会因为情绪的不良反应而中断，由于过度敏感和悲观，回避者在与他人交流的过程中哪怕是接收到一点点带有否定或者不认同的信号，他们也会被恐惧、焦虑和痛苦的情绪淹没，所以回避者常常在与他人交流到一半就忽然离开现场，终止倾听。

由于表达能力和倾听能力不足，回避者也难以理解他人的表达，难以正确地归纳问题的原因，回避者多半会把他人的表达理解为对自己的贬低和否定，所以他们常常会答非所问或者沉浸在自己的情绪中不愿回复，进入冷暴力状态。

沟通能力的缺乏和对沟通的恐惧，让回避者难以与他人建立真正意义上的亲密关系，总是给人一种冷漠、疏离的感觉。

以上是回避者的常见特征，对回避者来说，"爱"是想触碰又收回手、无比渴望又无比恐惧的存在。一段关系越是亲密，回避者就越想逃离，他们害怕感情给他们带来伤害，所以他们会尽力避免开始一段感情。

值得一提的是，回避型人格和回避型依恋是完全不同的，回避型人格指的是一个人的人格类型和行为模式偏向回避，回避型人格障碍者面对人际交往，常以回避、逃避的方式来应对，以舒缓内心对冲突和攻击的恐惧，但他们内心是渴望有人可以依赖的，一旦与少数的朋友或者恋人建立了信任的关系，他们也会表现出依赖型人格障碍者那种黏人的特点，回避型人格障碍和依赖型人格障碍常常同时存在于一个人身上。而回避型依恋指的是依恋类型，回避型依恋者压根就不喜欢与他人联系，他们通常非常独立、依靠自我，也不会深陷自卑的困扰，他们觉得独处才是安全自在的，这和外冷内热的回避型人格障碍者有根本的区别。

与回避型人格障碍者的相处边界

与回避者相处，就要面对一个现实：你们难以建立真正的亲密联结和信任关系。

回避者内心有着极强的防御系统，他们认定自己是不完美的、没有吸引力的、不配得到爱的。为了与你在一起，回避者可能会暂时放下部分防御，伪装成不真实的自己，把自己打造成一个"优秀"或者"才华横溢"的人，无论你多么努力地想打开他的防御和心门，都不会改变他"真实的自己不会被接纳"这个坚定的信念。

随着相处的深入，回避者会渐渐开始拒绝与你沟通，无视你的情绪，忽视你的感受，你们看起来近在咫尺，但心里的距离只会越来越远，你会越来越孤独、无助。

这个时候请正视自己的情感需求，如果你想体验舒适、健康、信任的亲密关系，那么你需要换一个有爱的能力的人，而不是幻想以牺牲自己的需求和意愿的方式改变或者治愈回避者。

如果你选择离开回避者，那么恭喜你，你可以直接离开，结束

如何摆脱隐性控制

关系。比起其他类型的问题人格者，回避者不会在分离的过程中过多纠缠和设置阻碍，因为他们的防御机制也在防备着伴侣，正因为他们有着"你最终会离开的"这种悲观的预言，分开对他们来说反而是一种解脱。

在你们分离后的很长时间里，回避者可能会深陷在受伤的情绪或者幻想中，持续地内耗，但在这个过程中他不会过多地干扰你，至多默默关注一段时间你的动向。如果你与他分离之后过得不错，他会对自己感到愤怒和沮丧；如果你与他分离之后过得不好，他可能会为此幸灾乐祸，但这只是他内心的波动。

回避者可能会在与你分开之后，向你们共识的朋友或者同事消极地评价你，或者在自己的社交平台阴阳怪气地抱怨或者攻击你，这些行为都是他会有的，他的攻击性较为隐蔽，但你依然能够感受到深深的敌意和恶意。

如果你选择与回避者分开，就要允许他隐蔽地攻击你和发泄情绪，而不要陷在想与回避者沟通清楚、希望回避者肯定你以及想自证清白的循环里，你只需专注治愈自己在与回避者相处过程中受到的创伤，减少或者完全不用继续关注对方。

如果你也害怕分离，不愿放弃与回避者的病态依恋关系，你就需要接纳回避者的人格现实，牺牲自己的需求和意愿，一切按照他的需求和意愿为主。

（1）接纳回避型人格障碍者的回避和防御。

回避者回避互动是因为他们过于恐惧被忽略和被伤害，比起与他人相处，他们更喜欢活在自己的幻想世界里。如果你想继续维持与回避者的关系，那就需要允许他沉浸在自己的幻想世界里，而不要强迫他与你深度沟通以及建立亲密关系，不要强迫他表露自己的情感，更不要强迫他对你热情。更要理解回避者的社交恐惧，不要强迫其社交，不要强迫他陪你参加朋友的聚会，等等。

回避者内在缺乏安全感，他们恐惧全身心地投入一段感情会受伤，所以他们会在一开始就把自己保护得非常好，绝不会朝他人多迈一步，他们之所以如此防备，是因为他们在成长过程中得到的关爱和肯定不足，导致他们成年后对自己的评价也非常低，陷入了自卑情结。如果你想要与回避者继续相处，就需要无条件地多给他鼓励、支持和赞美，并且允许他面对肯定时出现不适和抵触反应，仍然耐心地给予肯定，给他漫长的适应过程。

（2）理解回避型人格障碍者的爱和攻击都十分隐蔽。

因为害怕自己被拒绝和轻视，回避者往往不愿意把真实想法分享给他人。他们往往对待伴侣十分冷漠，但希望伴侣对自己热情、包容，即便伴侣热情、包容、不吝赞美，他们仍然会对伴侣有诸多疑虑，充满防御，这个过程可能会令伴侣感到伤心和压抑。

如果你决定继续与回避者相处，就需要继续耐心地包容他的多疑和小脾气，尝试不通过沟通的方式就猜到他的所思所想，并不断地给予鼓励和肯定。

回避者并不知道如何合适地爱一个人，也不懂如何正向表达自己的情感，所以你需要理解他的冷漠，在他想保持距离的时候不太过靠近，在他需要你支持的时候及时地给予支持，在他隐蔽地抱怨、冷战的时候耐心等待，不过多干预。

（3）无条件地鼓励和支持回避型人格障碍者。

在与回避者相处的时候，给予信任、积极引导、无条件地肯定是最重要的。

回避者的自卑和退缩对他们自身来说是自洽和舒适的，他并不需要你"拯救"或者"帮助"他，你只需要接受他不是热情的、自信的、亲密的，不因此诸多抱怨，不强行要求他改变，就能够让他感到安全，更不要给他提供所谓的"变得外向、开朗、善于社交"的建议和练习，这会让他更加恐惧。

积极地引导回避者关注生活中正向、积极的方面，不要总纠结于消极的方面，这个过程中需要耐心、温和，而不是嫌弃地给予"太过悲观""总说些丧气话""毫无自信"等负面的评价，这会令他们更加退缩、消极。回避者的内心住着一个敏感脆弱的小孩，在他消极的时候耐心地倾听，再从他所纠结和抱怨的事件中找到能够鼓励和支持他的部分，表达你的理解和认同，让他觉得他无论如何都不会被你嫌弃和拒绝，这样他会慢慢地放开自己一些。

完成引导后，你需要及时肯定对方做出的改变，让他了解到，即便他不完美，你依然喜欢他。陪伴他，慢慢给足安全感，回避者会慢慢放松自己的防御和敌对。

（4）照顾好自己的情绪和需求。

期待回避者照顾你的情绪和需求，这是不现实的想法，因为他连照顾自己的情绪和需求都做不到。所以,在与回避者相处的过程中,你需要有良好的心理素质和自爱能力,能够照顾好自己的情绪和需求,及时给予自己肯定和支持。如果希望回避者给你安慰和拥抱,那么你会陷入无尽的失望和怨恨。

必要的时候寻求心理咨询师的帮助,以免在与回避者的冷漠关系中自我怀疑乃至迷失自我,心理咨询也能够提供更专业的与回避者相处的建议,同时解开你内心的疑惑,帮助你更科学迅速地梳理好自己的情绪。

8

我恨你,但不许你离开我!

与边缘型人格障碍者的日常

How to
Get Rid of Implicit Control

为什么他一言不合就拉黑，一生气就放狠话，仿佛我们没有交好过？

为什么他刚才还赞美我是世界上最好的人，转眼间又将我贬得一文不值？

为什么我不答应和他交往，他就威胁我要和我老死不相往来？

为什么一个聪明、有教养的人可以瞬间破口大骂，失去理智？

……

如果你在与人相处的过程中体验过上述这般极端分裂的对待，那么你很可能遇到了边缘型人格障碍者。

与边缘型人格障碍者相处时的感受

生活中有一类人，在人际交往初期会急切地想要他人靠近自己，给予他人非常的认同和赞赏，但没过多久又会对对方表现出非常的厌恶和愤怒，唐突且无理地责备对方，拒人于千里之外。等到对方忍无可忍地离去，这类人又会以自虐和自杀的方式来威胁对方回到自己身边，表现出对对方的强烈需求，如此往复循环，让身边的人如履薄冰又心力交瘁，渴望逃离又不敢离开……而这类人便是边缘型人格障碍者（本书中简称"边缘者"）。

通常来说，边缘者情绪不稳定、易怒、人际关系不稳定、危险、冲动这些明显的特征往往会给人留下深刻的印象，很容易识别。长期与边缘者相处将会严重影响和破坏我们的思考和感受，进而影响我们的情绪和行为，甚至导致我们的情绪和行为失控。

◆ 恐惧

与边缘者相处，我们会为自己和对方的人身安全担忧和害怕。我们会害怕边缘者随时爆发的愤怒和攻击，也会担忧边缘者有自残或者自杀的危险。

试想一下，如果一个人对你说"我明天任意时间任意地点会打你"，这种不确定的威胁带来的焦虑可能会让你彻夜难眠，无法寻求合适的帮助。

与边缘者相处就是如此，我们将长期沉浸在这种不确定的惊恐和焦虑中。我们知道边缘者一定会爆发，但无法确定是哪个时刻、哪个场景，我们只能这样恐惧着，焦虑着，小心翼翼。然而无论我们多么谨小慎微都防不胜防，边缘者可能一言不合就瞬间暴怒，不分场合、不分时间地情绪失控，让我们承受非同寻常的身心攻击，我们的生活就好像处处是地雷，步步惊心。

长期无法化解的恐惧和焦虑也会让人身心失衡。我们将难以平衡自身与外界的需求，因为边缘者总是用激烈的方式威胁我们满足他们的需求，强势地需要我们牺牲自己的需求和意愿，我们很可能架不住这样轮番的激烈攻击，最后被迫妥协。

我们也将难以平衡与边缘者的病态关系和其他健康的社交关系，因为边缘者会占用我们的大部分时间和注意力，并对我们的其他关系抱有敌意，久而久之，我们可能会离那些健康的人际关系越来越远，越来越孤立。当我们的世界只剩下自己和边缘者时，我们的身心健康将会面临重大危险。

长期的恐惧和焦虑也会导致情绪的紊乱和突变，比如失控大哭、无法专心、对生活失去兴趣、性冷淡、神经衰弱、易受惊吓、易怒、烦躁甚至崩溃，等等。这些与边缘者相处时的消极情绪也会让人身体的免疫系统和内脏受损，可能造成睡眠障碍、抑郁症以及不明原因的胃痛或者头疼，严重的情况还会加速身体一些器官长结节。

◆ **迷失自我**

与边缘者相处，往往要经历他们频繁且高强度的指责和否定，不论我们是否认同这类语言攻击，边缘者极为强烈的不良情绪都会影响我们的情绪和自我稳定感。

试想一下，如果你的家人、恋人或者朋友是边缘者，日常频繁地指责、怒骂你，你又怎么可能真的无动于衷、不受影响呢？你会觉得自己总是莫名得罪边缘者，总是背负无端的指责，无法让边缘者的攻击停止，等等，你无论如何都无法让边缘者感到满意和信任。长期遭受边缘者的身心虐待，也会让你深深地自我怀疑。你会怀疑自己是否能够胜任关系里的"角色",怀疑自己是否能够成为称职的父母、伴侣或者朋友。你可能会开始怀疑是否真的存在舒适、滋养的关系,怀疑是否真的有美好的情感生活,怀疑自己是否值得被善待,进而对生活现状感到万分沮丧,没有希望。你甚至会开始怀疑自己的信仰是否正确,怀疑自己的存在是否有价值。面对边缘者长期劈头盖脸的嫌恶和怨恨,你不知道为什么自己要被这样对待,更不知道自己做了什么罪大恶极的事以致如此。你既困惑又无比压抑,这样的感受没有尽头。

◆ 羞愧,耻辱

与边缘者相处时,我们会持续感到羞愧和耻辱,可能会因为自己对边缘者产生了非同寻常的厌烦而感到羞愧,又为自己长期遭受攻击却无力改变现状而感到耻辱。

羞愧感让人觉得自己做了很糟糕的事。耻辱感使人觉得自己很糟糕。正常范畴的耻辱感和羞愧感能够约束我们的道德和行为,但源源不断的羞愧和耻辱感将让我们无地自容,不敢舒展自己的意愿。

◆ 空虚,孤独

与边缘者长久相处,空虚和孤独几乎是必然的感受,因为双方无法正常地沟通,达成理解。

边缘者有一定程度的沟通障碍,激烈的情绪往往会先于他们的表达,他们常常直接从正常状态瞬间跳转到情绪失控的状态。而当他们的情绪淹没理智，双方的沟通也就中断了，接踵而来的是激烈而冗长的指责、埋怨甚至是谩骂……与边缘者相处，消极情绪远远多于积极情绪，并且日渐激烈，令人难以招架。其身边人难以体验到正常的沟通理解带来的肯定和支持，只会感受到无尽的痛苦、孤独和空虚。

由于边缘者缺乏现实适应性，又常常将自己的恐惧和焦虑强行归咎于他人，颠倒黑白，与边缘者长期相处，我们也会渐渐分不清现实与幻想，这会进一步带给我们难以排遣的孤独和沮丧体验。

◆ 精疲力竭

长期处于边缘者的猛烈攻击下，我们会感到身心极度疲惫，非常虚弱。

如果无论我们做什么努力都难以改善自己与边缘者的关系，那么会导致无力感，让我们濒临崩溃，如果还被边缘者的各种威胁困住，陷在与边缘者的病态关系里，我们将会进入习得性无助状态。而习得性无助能将一个人置于情感麻木、冷漠和抑郁的危险之中。

◆ 愤怒，疯狂

愤怒的情绪极具感染力，长期待在易怒的边缘者身边，我们也会感到易怒、烦躁，而更深层的愤怒来自在边缘者的强压下对自己的无能、对边缘者的无奈以及对现实的无力。

边缘者的愤怒往往缘于极端的分离和被抛弃的恐惧，而与其相处的人的愤怒往往来自与边缘者相处中感受到的极端委屈、压抑和无助。

　　与边缘者相处，我们的一言一行、每个选择都充满危险，因为他们的极端情绪可能一触即发，且破坏力极强，除了承受，我们会深深地感到别无选择；无论我们怎么努力证明自己的真诚，边缘者都不会相信，但如果我们面露难色，边缘者会顷刻之间跳转到破坏和敌对模式，我们会感到惊恐和绝望；我们明确地知道彼此的关系是病态的、危险的，难以继续维持，但是出于对彼此生命安全的恐惧，我们害怕边缘者所谓的"同归于尽"或者"自杀威胁"成真，因此会感到难以逃离……与边缘者相处，会陷入两难的选择，每个选择都令人感到非常痛苦和绝望。

　　边缘者的情绪和行为容易失控，所以他们是较难相处的一类人，当然其中有一些高功能者，特征相对隐蔽，情绪和行为没有那么激烈，与其交往初期不好识别，但他们行为的底层逻辑是一样的，比如总以受害者自居，常因分离和被抛弃恐惧而指责、攻击他人，易怒、喜欢用极端分离的方式威胁他人。

　　也许你也会好奇，什么样的人会选择边缘者作为伴侣或者朋友呢？

如何摆脱隐性控制

为何被边缘型人格障碍者吸引

边缘者能够吸引他人的关键也许就在于,他们会热烈地、冲动地、迅速地与他人在一起,并且常常直接开启亲密接触模式,以逃避自己内在对分离和被抛弃的恐惧。而在外人看来,边缘者这种热烈奔放的表现极具诱惑力,很多只看感觉择偶或者择友的人会被边缘者这种热情感染、迷惑,忽略其三观、性格和内在人格。与边缘者相处一段时间,发现他们极不稳定的情绪、极强的攻击性以及极冲动、危险的行为倾向后仍然无法与其脱离关系的人大多出于以下六个原因。

◆ 斯德哥尔摩综合征

一般来说,受虐者会想要离开施虐者,去拥抱正向、乐观、积极的生活。然而许多深陷虐恋关系的人的选择正好相反,受虐者往往会反常地发展出深度、不健康的依赖,与施虐者在病态中共舞,并对受虐上瘾。这样的情形很常见,我们可以回想那些家暴受害者极力为家暴者辩解却不愿与其离婚的情况,他们多半患有斯德哥尔摩综合征。

斯德哥尔摩综合征这个名词缘于1973年发生于瑞典斯德哥尔摩的一起银行劫案,被挟持的人质对抢劫银行的罪犯产生了感情,当法院审判这些罪犯的时候,受害者极力袒护罪犯。

斯德哥尔摩综合征表现在以下几个方面:

- 受虐者相信施虐者对自己的身体和精神是一个紧迫的威胁。
- 施虐者对受虐者展现微小的善意，这个善意能被感知到。
- 受虐者完全不知道（或者不敢思考）施虐者施虐之外的其他选择。
- 受虐者坚信自己无法逃脱虐待（习得性无助）。

如果一段关系中的受虐者出现下面几种情况，那么他可能患有斯德哥尔摩综合征：受虐者执着于这样的想法："我知道他一直在伤害我，但我就是爱他！"；受虐者身边有人提醒他这段关系的危害，但受虐者坚信其他人不懂并且疏远提醒自己的人；受虐者对施虐者的小恩小惠很感激，甚至会对施虐者偶尔不施虐心存感激；受虐者为施虐者找借口，比如"他有创伤""他很可怜""他爱我爱得太疯狂"，等等；受虐者过于关注施虐者的需求以免施虐者用情感虐待自己，在这个过程中渐渐丧失自我。

斯德哥尔摩综合征是一种特殊的心理疾病，需要进行专业的心理治疗才能缓解，受虐者还得有意愿配合治疗，才有可能真正走出病态关系，重建自我和自尊。

◆ "拯救他人"的需求

一个受虐者曾这样说："我希望我是个例外，是个不一样的人，我当时相信我可以改变边缘型人格障碍者，我会是他痛苦人生里的救赎者，我一定不会让他失望，一定能带领他变好！没想到最后非但他没有好转，我还被他消耗得患上了抑郁症。"

如何摆脱隐性控制

所谓的"拯救者",最初都是出于好意,相信自己能够帮助边缘者,或者帮助本书所解析的每一类人格障碍者。"拯救者"们深深觉得自己只有被需要、能够提供帮助、感化他人、对他人造成重大的影响才有价值,并且价值非凡,能人所不能,这是一种从外向内反向建立自我价值感的病态逻辑。而"拯救者"们帮助他人的方式就是牺牲自己的意愿、给予超出自己承受能力的忍耐和包容以及承担本不属于自己的责任。这样的"善良"通常带着一些自恋和天真,让他们心甘情愿地成为受虐者,并幻想自己有非凡的能量能够改变人格障碍者。

然而,现实是,改变人格障碍者是连最厉害的心理医生也未必能够做到的事。"拯救者"们最终只会白白牺牲自己,却始终陷于"我很好,我是个好人"这般的自我感动中。

拯救人格障碍者的逻辑不但行不通,结果还会适得其反。本质上,拯救者过度承担了人格障碍者的生活和人生责任,使得人格障碍者的成长机会被完全扼杀了。

比如"拯救者"型父母给有购物狂倾向的边缘型子女提供过度的经济支持,或者"拯救者"型伴侣过度顺从边缘者的脾气,这些"拯救"行为无疑助长了边缘者的病态行为模式。

"拯救者"的过度背负,会让边缘者无法了解做出冲动行为是要承担后果的,这会让他们的行为越发失控,后果越难承担,也会让他们的心智停止成长,进而病态越发严重。

就这样,"拯救者"最终变成了执着的受虐者,还幻想自己能够改变人格障碍者，而人格障碍者也会固定地、精准地虐待"拯救者"，形成了彼此受虐、施虐的身份认同，虐恋关系越发紧密，两个人都深陷其中，身心消耗越来越严重。

◆ 情感体验肤浅

择偶时只看重外在价值，比如颜值高、财力丰厚或者有才华，而忽略对内在人格的考量，这往往是许多人选择人格障碍者作为伴侣或朋友的原因之一。情感体验肤浅是许多人无意识地成为受虐者或患上斯德哥尔摩综合征的原因之一。

◆ 低自尊

如果一个人的自尊感比较低，那么他在生活里就会常常遭遇进退两难的境况。

低自尊者更容易认同虐待，甚至会与施虐者一起虐待自己，因此，低自尊者通常会与边缘者相互吸引。边缘者对外有极强的攻击性，而低自尊者原本就时常消极评价自己以及攻击自己，面对边缘者的攻击，极有可能瞬间就认同并适应，并潜意识里觉得这是自己应得的对待。

自尊指的是自我尊重，既不向别人卑躬屈膝，也不允许别人歧视、侮辱自己，更不会自我苛责，是一种健康的心理状态。自尊会给人内在的能量，在别人丧失理智、横加指责我们的时候，让我们能够保持清醒，保护自己，不去认同。

而低自尊者缺乏的正是这种正向支持自己的能量。遭遇边缘者严重的身心虐待时，低自尊者往往会放弃底线，任施虐者肆意虐待，并且潜意识里认为自己只配被这样对待，于是，虐恋关系形成并逐渐稳固，慢慢蚕食虐待关系里的两个人，进入病态、消极的循环。

◆ 不甘心

"不甘心"是一个心理陷阱，由于不想放弃已经投入的成本，个体有时候会采取无效的行为方式来加大投入。假设你买的一只股票跌了，你会选择卖出还是补仓？卖出就确定赔了，许多人为了逃避这种"确定赔了"的耗损感，会选择继续补仓，结果往往赔得更多。

人对损失是有天然的厌恶的，一个人意外捡到100元的欣喜抵不了丢失100元的懊恼。因此，当需要做出一些可能面临"损失"的决定时，这种厌恶损失的心理很容易让人越陷越深，继续加大投入，结果往往损失惨重。

许多与边缘者相处却没能走出耗损关系的人，也可能是出于不甘心。毕竟，与边缘者相处，经受了许多的精神虐待，就此分手仿佛就在宣告"这段关系中自己耗尽心力，但吃力不讨好，确定净亏损"。受虐者往往会觉得"已经受了这么多苦，不甘心一无所获地离去"，于是深陷于被边缘者虐待的关系，企图等到有所收获才愿离开，结果却越陷越深，难以抽离。

人的思维和行为是有惯性的，一旦掉入"厌恶损失"的心理陷阱，不能及时止损，就很有可能损失得更多，甚至可能变得一无所有。

◆ 恐惧

与边缘者相处，巨大的恐惧会将受虐者淹没。

激烈的情绪往往具有极强的感染力，日常与边缘者相处，他们表现出来的激烈的分离和被抛弃恐惧会传染身边的人，使身边的人常处于惊恐、焦虑的环境，也可能会因为恐惧冲突、害怕痛苦而变得更加顺从。

边缘者时常用虐待、自虐或者自杀的方式来威胁身边的人以满足自己的需求，并且他们确实会做出虐待、自虐和自杀的行为，这会让其身边的人为自己与边缘者的人身安全万分恐惧和担忧。这种极缺乏安全感的巨大恐惧往往也是许多人不敢离开边缘者的重要原因。

受虐者也有分离和被抛弃的恐惧。处于与边缘者相处的强压力环境，受虐者会慢慢丧失自信和自尊，不知道如何应对分离，对分离之后的未知也感到恐惧，不相信自己配得上善待、找得到更好的人，于是陷入是选择"继续"还是选择"离开"的两难境地。

当恐惧和焦虑成为一种习惯，人可能会丧失理智决策的行动力，并且对恐惧和焦虑上瘾，反而不适应安全、健康、积极的人际环境，甚至会对健康舒适的人际环境产生应激反应。

对一些人来说，虐恋有着独特的魅力，能带来非常刺激的情绪体验，虐恋爱好者们觉得"只有痛才是爱""爱就应该轰轰烈烈、寻死觅活""只有在虐待中才感受到自己的重要和存在"等，这种对"爱"的扭曲理解往往是非边缘者与边缘者深陷虐恋关系的重要原因。

了解边缘型人格障碍者的特征

边缘者有十二个特征，当一个人出现以下任何一个稳定特征，都很可能会让与其相处的人变得十分痛苦。

◆ 非黑即白，思想极端

"非黑即白"是一种极端的绝对论。事实上，黑与白之间还有灰色区域，但有些人忽视了这些中间色的存在，把选择的范围只局限于黑与白，并做出非此即彼的选择。

而边缘者正是以"非黑即白"这种极端的思维方式来看待世界、看待自己、看待人际关系的，他们认为，他人如果不是无条件、极衷心地支持自己，就是存心找碴儿、故意伤害自己，没有其他可能。所以，边缘者会瞬间从友善转换成敌对，翻脸好像比翻书还要快。

边缘者常常会将他人拔高到一个不可思议的高度，极尽赞誉和喜爱，又在觉得他人没有满足自己的幻想和需求时感到幻灭，哪怕只有一点点失望，他们也很可能会瞬间对其表示贬低和厌恶。

在我的线上咨询案例中，有个患有边缘人格障碍的咨询者会对

8　我恨你，但不许你离开我！与边缘型人格障碍者的日常

"咨询时间到了"这个提醒产生非常严重的焦虑和攻击反应。当这个边缘者表现出强烈的情绪、夸张的行为和极端的思维过程时，我耐心倾听并给予理解，他会把我当成最知心的朋友，和我寒暄，如果有机会见面，要请我去他最喜欢的餐厅吃饭，他还要介绍很多朋友找我咨询。而当我告知他咨询时间已经超时时，他感到我变得疏远了，前面畅聊时使他产生的亲近感被破坏了，于是他瞬间对我发动攻击，比如"咨询师为了赚钱，什么话都能说""我还可以找很多咨询师，也不是非你不可""在你这边咨询，我觉得毫无效果"等。等到这个边缘者过两天再次来找我咨询时，我切换到亲近、倾听和理解的模式，他的态度马上好转，他向我表达喜悦和善意。等到咨询时间结束，他的攻击反应再次发生。这样循环往复。

这类有边缘人格障碍的咨询者也会在多次强烈要求与我成为非咨访关系的"朋友"却被我明确拒绝之后，气急败坏地把我看作敌人，很长时间不愿再找我咨询。只有极少数坚持多年线上咨询的轻微边缘型人格障碍者自身有着强烈的改变意愿，不断地学习和练习情绪梳理，不断在实践中反复尝试提升情商，不断地耐心拓展认知，渐渐好转，不再被极端的情绪困扰，人际关系也渐渐稳定，收获较为健康、舒适的亲密关系。

一位边缘者曾说："我不知道为什么当初那么喜欢的人现在彼此憎恨到希望对方立刻死掉。他好像并没有对我做过很过分的事，我不知道为什么我当时要做出那些伤害自己和对方的举动，那种感觉就像喝醉了一样，我脑袋里有个声音，就是要发泄和破坏，

如何摆脱隐性控制

我控制不了。我觉得自己糟透了,我是个一无是处的人。"

◆ 极端的分离焦虑和被抛弃恐惧

每个人都害怕分离和被抛弃,但边缘者对分离和被抛弃的恐惧远超正常人。

大多数正常人只有面对真实分离的时候才会感到恐惧和焦虑,并能够合理地表达难过或者愤怒,也允许分离发生。而边缘者不允许任何分离或者被抛弃的迹象发生。他们不仅对真实的分离和被抛弃产生过激的反应,甚至对自己幻想出来的分离也会反应过度。我前面举例的边缘者会因为咨询时间到了而瞬间翻脸,也是面对分离的过度反应。再比如边缘者的伴侣出差一段时间,或者边缘者与伴侣聊天结束,挂断电话,这类短暂的分离也很可能会引发边缘者的恐惧和焦虑反应,找借口无端指责伴侣或者无故大发脾气;与边缘者约会迟到了,或者约会过程中没有听清边缘者的话,也会引发边缘者的歇斯底里;甚至与边缘者沟通时表达不同的意见、与边缘者交往的过程中表明拒绝,都很可能会遭受边缘者激烈的愤怒攻击。

总而言之,不论是真实的分离还是边缘者幻想的分离,他们都会表现出极端的攻击反应。

正由于这种疑心病一般的分离焦虑和被抛弃恐惧,边缘者几乎对外界的所有变化都过度敏感,一旦他们的过激情绪发作,就会瞬间进入暴怒状态,攻击行为也会丧失理智。向外攻击时,他们会对他人说出最恶毒、最具侮辱性的话语,甚至出现暴力行为;向内攻击时，他们会自我贬低、自残或者自杀。而这些向内和向外的猛烈攻击会在边缘者情绪失控的过程中随机出现，往往让其身边的人惊恐不已。

对边缘者来说，分离与被抛弃意味着他们的价值和信仰被完全否定了，于是他们会拼命反击，发泄因恐惧带来的愤怒。

也正因为边缘者十分惧怕分离与被抛弃，他们误以为每个人都如同自己这般害怕，所以也常会以分离与抛弃作为威胁，比如一言不合就突然与人绝交，以惩罚对方没有满足自己极端的爱和关注需求。

◆ 自我认知不稳定

随着年龄的增长和心理的成熟，大多数人会渐渐形成稳定的三观和信仰，也会形成稳定的内在自我形象认知和自我价值感。但边缘者无法建立稳定的内在自我认知，他们的自我形象和自我价值是依靠外界与他人的眼光和评价反向建立的，表现出来就是极其善变，没有定性。

如果有人评价边缘者是一个敏感的人，他就会认为自己是敏感的人；如果有人评价边缘者是一个积极的人，他就会觉得自己是积极的人；等等。边缘者常会忽然觉得自己是天才，又忽然觉得自己是废物，就像记忆只有七秒的鱼，无法稳定地感知和认同自我的存在和价值。也正由于边缘者这种不稳定的自我认同感，他们投射出来的对他人的感知和评价也是极不稳定、忽好忽坏的，最终会导致

如何摆脱隐性控制

他们的人际关系紧张。

尽管边缘者的自我认知依赖外界反馈，但他们往往倾向于接收负面反馈。当他人赞赏边缘者时，边缘者通常会立刻否定；当他人向边缘者表达爱意时，边缘者会坚决不信；而当他人埋怨边缘者性格古怪、情绪失常时，边缘者往往会立刻认同，并陷入自我厌恶又攻击他人的循环。

边缘者常常感知不到内在的自我价值，一旦感到被分离或者被抛弃，就会觉得自己一文不值，否定所有。但他们极端的思维和失控的情绪往往是被分离的主要原因，然而他们难以改变自己极端的脑回路，进入越分离越消极越攻击的恶性循环。

如果边缘者进入了关系，比如作为伴侣、父母或者员工，这些角色会暂时填补边缘者内在自我感不稳定所带来的空虚。但当这些角色受到威胁，比如伴侣提出要分手、孩子开始独立或者面临失业，那么边缘者赖以生存的角色外壳便破裂了，大部分边缘者会用极端的手段来防止角色变化。以死相逼不让伴侣分离、以各种方式道德绑架以便把孩子留在身边、推卸责任给他人等，这样的行为会给关系里的其他人带来很多困扰。

边缘者自我认知不稳定，也会让自己的生活状态极不稳定，比如突然退学、反复失业、反复离婚等。他们常会在目标即将达成时突然自毁，比如暧昧对象愿意与其交往了，他们却突然离去；终于得到了理想的工作机会，他们突然放弃；等等。

由于自我认知不稳定，人际关系又经常充满冲突，一部分边缘者与动物相处时会更稳定和安心一些，在有明确规章制度的环境中会相对稳定一些。

◆ 情绪不稳定，易产生极端愤怒

由于极端的思维方式和不稳定的自我认知，边缘者的情绪也难以稳定，主要表现在三个方面：对事情的感受过度强烈，远超事情本身的严重程度；情绪起伏极大，速度极快（如果情绪强度用从1到10的数字来描述的话，边缘者的情绪强度会从1直接跳转到10）；一旦爆发强烈的情绪，边缘者需要较长时间才能恢复正常，通常激烈情绪会维持数小时，并且频繁发生。

对大部分边缘者来说，情绪失控后，只要有一点点可感知的变化或者边缘者脑补出来的分离、被抛弃以及失控，盛怒就会爆发。边缘者无法用言语表达这种盛怒，必须通过夸张的攻击来发泄，这也像一种求救信号——边缘者无法自控。

边缘者的极端愤怒正是对现实应对不良的表现，他们感到他人有能力定义他们是什么样的人、有能力随时给予或收回关爱，因此他人小小的变化都能使依赖他人反馈而存在的边缘者完全失控。

一位边缘者曾描述道："有一次，我和伴侣回家，我问伴侣晚上想吃什么，伴侣说'随便'。我感到很气愤，因为我觉得伴侣的态度很敷衍。这个时候伴侣抱怨我敏感、情绪不稳定，我更生气，开始激烈地争吵。接下来的一两个小时，我怒火中烧地漫骂对方，甚至将锅碗瓢盆重重地摔在地上，歇斯底里地表达愤怒，直到自己喜欢的电视剧开始，看了一会儿，心情才会好转。那时的我很难理解为什么伴侣还在生气，我觉得，争吵已经结束了，伴侣是个小气的人。"

◆ 自残与自杀

边缘者身上常常有自虐行为造成的伤口。他们可能会因为对自己的身材不满意而将自己掐得青一块紫一块，他们也可能会用刀将手臂划得满是伤痕，或者一直拔头发，把头皮弄伤等。

由于边缘者对外界的变化过度敏感，情绪极易失控，也比正常人需要更长的时间来平复情绪，所以他们时常会被自己这种极端的感受和情绪模式折磨。他们往往会通过自残的方式转移精神上的痛苦，以此惩罚自己、麻木自己、缓解压力、保持控制、表达愤怒、诉说痛苦。

严重的边缘者会想用自杀的方式逃离痛苦，反复的自残和自杀倾向也是边缘者求助心理咨询师的原因，这种难以抑制的自虐冲动也会令边缘者身边的人惶恐。

◆ 冲动及两种以上的成瘾行为

边缘者会对微小的变化做出过度强烈的反应，感性完全压倒理性，大脑的神经系统无法调节情绪，因此他们的行为往往十分冲动、危险、不计后果，比如鲁莽驾驶、斗殴、自残、冲动的性行为等。

边缘者在日常生活中会形成两种以上的不良成瘾习惯，比如自虐成瘾、购物成瘾、厌食症或暴食症、赌博成瘾、性成瘾、酗酒成瘾甚至药物滥用成瘾等。这些不良的成瘾习惯都是边缘者应对不良情绪的补偿方案，往往又会加剧他们的情绪失控。

◆ 慢性持续的空虚感

由于内在自我认知的紊乱和自我价值感的匮乏，边缘者时常会感到空虚、无价值、无意义，更难以独自面对这些感受。

虽然边缘者依赖人际关系和关爱来感知自我，但是他们对人际关系有着强烈的不适应反应，任何风吹草动都很可能会激怒他们，于是他们又会急切地想要逃离人际关系，逃离之后又难以独自面对空虚感，于是陷入循环往复的"求和—冲突—分离—求和"，并且边缘者求和的方式往往也是以激烈的威胁为主。久而久之，边缘者对自己、对人际关系都会感到十分厌倦、难受。

◆ 持续的疏离感

"分离"在心理学上的意思为"使人感觉到好像在自己的身体之外观察自己，熟悉的物体会显得陌生"。比如我们凝视一个文字很久，有可能忽然不认识这个文字，或者我们无意识地反复哼唱一句歌词，或者走路的时候忽然放空导致走错路等，这些情况在心理学上就叫作"分离"。

边缘者时常处于"自我分离"的状态，常常神志不清，头脑混乱，与现实世界离得很远。有时他们会不记得发生了什么，大脑一片空白，甚至在工作中也会完全沉浸在情绪里，心思不在工作上。

边缘者在人际交往的过程中也常常显得疏离，比如与边缘者一起出行，他们会持续沉浸在某种情绪或者幻想中而完全没有听清同行者说了什么，但如果同行者抱怨这一点，或者同行者没有听清边缘者的话，那么边缘者又可能不分场合地爆发愤怒、发动攻击。

◆ 情绪压抑，多病、多人格共患率高

由于长期处于过度敏感和惊恐的状态，边缘者的脑部快乐机制是被抑制的，脑部神经系统较难产生促进愉悦的物质和电流，所以边缘者的思维和情绪较为压抑、悲观、消极。正如前文所述，他们易受外界影响，但主要易受外界的负面反馈影响。

边缘者易感抑郁或躁郁，这种人格障碍也会和其他类型的人格障碍共存，比如边缘者也常患有自恋型人格障碍或者其他类型的人格障碍，甚至多种人格障碍特质共存。

边缘者也常患有进食障碍，过度节食或者暴饮暴食，这些都是因为他们情绪不稳定、难自控而导致的，意图自我惩罚、发泄情绪和恢复控制。

◆ 控制欲强

边缘者在生活中的控制欲往往是无意识的，不像自恋者那样有意操纵他人。

边缘者的控制欲主要源自他们对现实适应不良、逃避承担责任，以及极力避免分离和被抛弃，因此他们会用极端的情绪来对抗现实、威胁他人以满足自己被关注、被关爱的需求，在这个过程中就会出现控制行为。比如不允许他人设立边界，通过自残或者攻击对方来威胁对方放弃边界，满足自己对亲密和关爱的需求；通过大闹的方式阻止对方暂时或者长期与自己分离；不断试探他人"你在生我气吗？""你还爱我吗？""你今天回来陪我吗？"等，反复验证对方对自己的爱。

边缘者意识不到自己的威胁和控制给他人造成的影响和伤害，他们已经被自己内在的冲突和痛苦折磨得无暇顾及其他了。

◆ 小题大做，谎话连篇

边缘者对外界反应过激，他们往往在描述事实的时候会夸大，所以在生活中会给人一种"小题大做"的感觉。

由于消极的思维方式和不可控的情绪，他们易感羞耻和自我厌恶，于是会用谎言来维护自己的形象，比如将自己对他人的无端指责和歇斯底里归咎于他人做了不可原谅的事，借此将自己的无理取闹合理化，甚至不惜捏造事实，就像患了被害妄想症一般。边缘者往往也会在冲动闯祸之后否认自己的所有问题。

边缘者会对自己渴望关爱的需求感到羞耻，也为不能控制他人给予自己非同寻常的关爱而感到无助甚至失控，因此他们难以压抑自己对他人的深深怨恨和敌意，平日里也会用谎言反复试探，比如谎称自己得了绝症、出卖他人的秘密或者告诉他人自己遭遇了不幸来观察他人的反应，试探他人对自己的关爱和忠诚程度，并且会否定他人的关心，强调他人的疏忽。因此边缘者的考验是"永远无法通过的"。

◆ **沟通障碍**

许多与边缘者接触过的人会有这样的感受：与边缘者争吵就像一场永远不会赢的辩论，他们会像小孩子那样喊叫和指责，并且毫无逻辑地耍赖和执拗，无论他人怎么说怎么做，边缘者都会坚定地把错误归咎于他人。

与边缘型人格障碍者相处的合适边界

请详细阅读前面关于边缘者的解析，探索和了解自己被边缘者吸引的原因，重新审视自己的价值观，治愈自身的创伤，不要在自身难保的情况下还妄想"治愈"或者"拯救"边缘者。请了解边缘者的危险性，学习和练习对虐待关系说"不"，勇敢地与消耗自己身心的人格障碍者分离。

如果你选择结束与边缘者极其消耗身心的关系，拥抱全新的生活，请做好心理和实际两方面的准备，以下是参考建议。

（1）镇定地应对边缘型人格障碍者的极端情绪和攻击行为。

和边缘者分离并不是一件容易的事，他们可能会采取极端的威胁和攻击行为，不论是自虐、自杀、发出要与你"同归于尽"的威胁，还是拿其他你在意的人事物来威胁，你都要保持镇定。

请意识到，面对分离和被抛弃（包括边缘者臆想出来的分离和被抛弃），边缘者的情绪反应是失控的，充满攻击性的话语和行为都非理智所为，不要认同他们的贬低和辱骂，并充分给予他们情绪反应的时间，可以在他们情绪激烈的时候离开现场，告知对方当下有急事，改天再聊，借此转移他们的注意力，也避免他们做出过激行为。

（2）做好安全防护和应急准备。

在准备离开边缘者前，向其家人以及朋友告知实情，以便边缘者以自残和自杀的方式威胁时有家人或者朋友及时制止或予以照看，也避免自己难以与边缘者分离。

如果边缘者确实自杀或自残，请及时报警或者叫救护车。

（3）坚持分离。

如果激烈的方式没能阻止你离开，边缘者有可能会转为认错、求和，这个时候不要心软，也不要给予过多回应。请意识到边缘者与他人交往的方式是充满强迫感和攻击欲的，他们暂时求和并不会改变他们既有的人格模式，你的心软和妥协只会继续消耗彼此。

如果分离后边缘者拉黑、断联、四处抹黑你，非必要也不要主动联系，以免再次与其陷入纠缠。

（4）寻求支持。

与信任的朋友和家人联系，倾诉和分享自己与边缘者相处的实情和真实感受，正常、健康的体验有助于获得内在能量，应对分离期边缘者带给你的猛烈攻击和诋毁，以及舒缓分离焦虑。

如果能够接触到应对边缘者相处困境的团体，那么加入其中，抱团取暖，交流体验和经验，有助于保持清醒，也能够获得集体的支持。

如果经济条件允许，请接受心理咨询。对边缘者了解的心理咨询师能够提供较为专业且实际的帮助，比如对当前现实和行动步骤给出合理的建议，也能够在你遭受心理创伤和抑郁的时候帮你舒缓情绪。

（5）充实自己的生活，重建自尊和自我。

在与边缘者分离的过程中，你也很可能会经历前面所描述的分离焦虑，以及"长期受虐却没能在关系中获得收益"的不甘心，可能会陷在复杂而消极的情绪里，甚至抑郁，这个时候你需要空出时间去做感兴趣的事，重新回归属于自己的生活。

关于疗愈与人格障碍者相处所造成的创伤的内容，我会在本书的最后一章详述。

如果你了解了边缘者的真相，还是无法离开这段消耗身心的关系，或者边缘者是你的家人，你难以逃离，选择继续与他们相处，那么以下的建议供你参考。

（1）想要"帮助"边缘型人格障碍者，就必须先帮助自己。

如果对人格的多样性缺乏认知，我们常常会天真地觉得只要努力就一定能改善关系，而无视人格障碍的特殊情况。我们也常常将善待他人的方式局限于"忽略自己的需求，只关注对方，尽力给予对方自己能给予的"，这样的想法出于友善之心，但无益于促进彼此的关系，也无法改善边缘者的危险属性。

很多人与边缘者相处，用不断满足边缘者的方式来避免冲突，这样可能短期内行得通，长此以往，他们很可能要付出抑郁、孤立、无助、低自尊、睡眠障碍甚至是身体疾病的惨痛代价，最后不但没有促进彼此的健康关系，还会使边缘者的情绪或者行为更极端。

如果你想与边缘者长久相处，长远的健康取决于你是否能好好顾及你自己的需求，不要指望边缘者做出改变。你照顾自己需求的方式包括但不限于不要总与边缘者待在一起、给彼此设定边界、对自己不能接受的事绝不妥协、有个人充实的生活和舒适的人际关系等。最重要的是，不要认同边缘者的攻击，因为往往连他们自己都不知道自己的无端攻击是来自自身对分离和被抛弃的恐惧，他们的攻击往往也没有任何现实依据。因此，不要予以认同，更不要因此自责，只当边缘者情绪失控的时候是"障碍发作"，不要在意他们说了什么。也不要过度包揽边缘者的责任，姿态温和但态度坚决地拒绝承担边缘者闯祸造成的后果，让他们自行承担。不过度提供帮助，比如边缘者有成瘾行为——购物成瘾或者酒瘾，不给予相应的经济支持，也不提供相应的物质帮助。

（2）科学梳理和控制自己的情绪。

请了解，我们是人，不是神，不需要也不可能事事做到完美。与边缘者相处，我们不需要一味压抑和忍耐自己的负面情绪，需要学会科学地梳理自己的情绪（关于科学梳理情绪的内容，我会在本书的最后一章详细讲解）。

适当地与信任的家人、朋友或者你的心理咨询师倾诉和表达压抑的情绪是很有必要的。

学会应对愧疚感。与边缘者相处，他们激烈的情绪反应和攻击性指责往往会让你感到自己无法胜任其伴侣、父母、子女或者朋友等角色，不要去认同这些指责，请了解，我们尽力即可，人无完人。

如果因想一个人清净一会儿或者不想继续与边缘者争执而触发了他们的自虐或者自杀式威胁，也要姿态温和、态度坚决地拒绝受控，以满足自己的需求为主。

学习和练习提升自尊水平，可以寻求心理咨询师的专业意见，练习自我支持，不要卑微地迎合边缘者。请了解，边缘者的内在自我是紊乱的，如果将身心交给他们带领，你将面临的是无尽的关系冲突和灾难。

（3）了解并不断练习和尝试与边缘型人格障碍者有效沟通。

边缘者脑部负责调控情绪的神经是异常的，所以边缘者的情绪极易爆发且紊乱，这也会造成他们的沟通和理解力出现一定的障碍，正常且正向的沟通逻辑不足以平息边缘者激烈的情绪。

与边缘者沟通，一个有效方式是肢体语言和表情不能带有任何攻击和敌对的意味,比如不能双手叉腰、双手抱在胸前、用手指着对方、表露出挑衅的手势、出现嫌恶的表情等。边缘者因为心智较为幼稚,对于可视化的交流,也就是肢体语言和表情,更能意会,对于需要理性思考的话语,他们难以完成倾听并理解。所以,在与边缘者沟通的过程中,要万分注意自己的肢体语言,尽量友善,不能面露不悦。

如果与边缘者发生冲突,你感到自己的情绪十分糟糕,无法克制自己不做出反感的肢体语言和表情,那么就暂停一会儿,告诉他待会儿再聊,借故离开现场一会儿。通常情况下,边缘者平复情绪需要数个小时,等他们状态好转再与其沟通,这个过程中尽量使肢体语言和表情充满善意。

在边缘者情绪失控的时候,你需要耐心地倾听、不打断、表达肯定(比如"我能理解你为什么这么生气""这确实让人愤怒"等),不要试图劝说他们讲道理,请接受边缘者缺乏理性能力这个现实,也不要过度迎合边缘者以满足其需求,只需倾听和表达对其情绪的肯定,拒绝其不合理的要求,保持语气、肢体语言、表情的友善。

不要与边缘者解释自己不是他想的那么糟,因为这是徒劳的,更不要与边缘者争辩或者抢着扮演受害者。

在你能照顾好自己情绪的前提下,尽量以倾听、肯定情绪、姿态友善的方式与边缘者沟通,涉及牺牲自己意愿的部分,温和友善地拒绝,如果边缘者因此爆发愤怒,请告诉对方自己有事需要离开

如何摆脱隐性控制

一会儿,这样多次尝试,直到将沟通从负向指责转向正向反馈。

(4)设立边界并保持边界。

边缘者存在认知障碍,因此,如果想与边缘者继续相处,就必须由你来引导和界定彼此的边界。这里的边界指的是我们在"满足自己"与"讨人喜欢"之间需要有一个健康的界限。

在健康的人际关系中,边界清晰是很重要的,清晰的边界能够保护我们的自我,也能够让我们处于相互尊重和安全的环境,合适的边界往往更能促进关系的正循环。

我们可以根据自己的真实意愿和需求来设定边界,注意设定边界是为了自我尊重、尊重对方以及尊重彼此的关系。

当你设定边界并坚定地执行,让边缘者为自身的反应负责,你就不再是边缘者心中的"加害者",也破解了边缘者的"受害者"逻辑,让他们有机会为自己的情绪和行为负责,真正地让他们自己拯救自己。

设定边界是我坚持的一个有效的与患有边缘型人格障碍的咨询者交往的方式。边缘者时常无法遵守与我线上咨询的预约流程,也不会事先问我是否方便,常常忽然来电就开始发泄情绪、寻求帮助,并且无视咨询已经超过。我通常会明确告知对方"当下有事,需要下次预约后联系"以及"咨询时间已经过了",并且不厌其烦地重复。无论他们面对我的拒绝时如何指责或诋毁我,甚至脆弱地请求,我都坚持这个边界。慢慢地,一部分边缘者会尊重我的边界,耐心走预约和咨询流程,一部分边缘者在暴怒之后不再与我联系,我也尊重其意愿。

如果想要与边缘者相处，就绝不可把自我、关系和生活的控制权交给他们，设定边界和保持边界是最重要的环节。

边缘者越过了你设定的边界，就不要给予过多回应。比如，你不希望边缘者在你上班的时候频繁给你发消息或者打电话，你需要在他情绪平稳的时候用肢体语言和表情十分友善地表达："我上班的时候是不方便接电话和收信息的，这会影响我，你只能在午休的时间或者我下班联系你之后再与我通话。"并且不厌其烦地重复强调你的边界。

在你设定边界时，边缘者的第一反应通常是被侵犯，因为他们需要绝对的亲密，不然就会陷入断联的恐惧。所以，在提出边界的时候也要做好他们会猛烈攻击的准备，允许他们攻击，但不做出回应，直到他们接受你的边界为止，也要意识到这个过程并不容易。请你保持清醒，牢记你的边界，在他们侵犯边界的时候，不给予回应就是克制他们行为的最好方式。如果你给予回应，不断在他们侵犯边界时向他们解释，或者与他们争辩、吵架，你可能就不知不觉地模糊了边界，他们破坏边界的目的就达成了，那么之后你再设定边界就会更加困难。请扛住他们或激烈或温和的侵犯边界的行为，这是他们正常的反应。就好像我们进电梯，发现按钮失效了，我们可能会更用力地按几次按钮，直到发现按钮始终无效，我们才会接受电梯坏了这个现实。

对边缘者偶尔出现的遵守边界、理解和尊重你的行为，也要及时给予肯定和赞赏，认可他们向好的行为。

以上的建议都不容易真正施行，你需要有强大的内心、非常乐观充实的自我以及一定的心理学专业知识以及强大的执行力才能做到。真心建议，如果不是无法逃避的家人患有边缘型人格障碍，那么在交往初期识别出对方有这个人格障碍倾向，尽早保持距离才是明智的选择。

9

> 矛盾、混乱、莫名其妙！

与分裂型人格障碍者的日常

How to
Get Rid of Implicit Control

你既不可以和我亲近,也不可以和我疏远;你既不可以优秀,也不可以不优秀;我既不喜欢你,又不讨厌你……

你体验过这种矛盾的对待吗?似乎无论你做什么都是错的,无论你做什么都会被攻击,当你忍无可忍想结束这段关系的时候,对方就会发出死亡威胁"要么你死,要么我亡",将你折磨得心力交瘁……

与分裂型人格障碍者相处时的感受

如果你与一个孤僻的人建立了亲密关系,他总是攻击你、疏远你,于是你决定离开他,他又向你发出死亡威胁:"你若离开,我就杀掉你或者自杀。"然后,他做出许多不讲情面、缺乏理性的事情,比如辱骂、跟踪、威胁、监控、暴力等,将你束缚在这段危险的关系里,无论你做什么都是错的,他都不满意。那么,这说明你很可能遇到了分裂型人格障碍者(书中简称"分裂者")。

分裂者通常形单影只,不爱社交,所以在关系中伤害他人的情况会比其他类型的人格障碍者少一些。但如若你不幸与分裂者进入

9 矛盾、混乱、莫名其妙！与分裂型人格障碍者的日常

亲密关系，你也会深陷险境。

不断地被攻击和疏远是与分裂者相处时最直接的体验，如果不了解分裂者的行为逻辑，你很可能会误以为自己做错了什么或者不配被爱，会为此感到自卑、难过和无奈，如果你是一个渴望亲密相处的人，长期被攻击和疏远也可能让你变得抑郁。

分裂者可能会偷偷地关注和浏览你的自媒体、朋友圈动态，但鲜少与你互动，而是在自己的自媒体或者朋友圈发布一些反驳你观点的内容，以此间接地与你"交流"；分裂者也可能发布很多与你相关的自媒体内容，让你觉得你在他心中似乎很有影响力，但生活中他鲜少与你互动，你会觉得自己仿佛活在他的幻想里，且不用在他生活里出现；等等。分裂者的依恋模式大多为回避依恋，他们觉得自己压根不需要依恋他人，但可能沉溺于自己天马行空的幻想。与分裂者的联结难以真实地实现，这会让你感到非常困惑和孤独。

与分裂者沟通和交流时，几乎做不到互相理解，因为你难以听懂分裂者混乱的语言要表达什么，甚至他自己可能也不清楚。他的言语和行为总是会令你诧异，其行为动机也让你感到莫名其妙，根本无法想到缘由。

分裂者也可能会因为自己的臆想而攻击你，比如毫无根据地觉得你在他背后诋毁他，认定你背叛了他，等等。无论你怎么解释，他都不会相信，这也会让你感到非常委屈和愤怒。

分裂者的幻听体验听起来就像灵异事件。如果长期与分裂者相处，你会发现，他经常与空气说话，告诉你某个无人的位置有人，

他预感明天要出车祸，等等。这都可能引起你的恐慌。他坚信自己的幻听体验为真实事件，还要打压或者否定你的信仰，让你感到压抑和无奈。分裂者也常常幻觉自己患了绝症而焦虑不已，这种焦虑也会传染你。

与分裂者相处是感受不到温情的，他们无法沟通，难以共情，也无法表现出温情，冷漠，疏离，这无疑是十分伤人的。比如，当你遭遇病痛时，他不会关照你；当你感到生活压力巨大的时候，他不会安慰你；当你需要他拥抱的时候，他会推开你；等等。与其相处时间越长，你越清楚地感到一种自取其辱般的孤单。

总而言之，与分裂者进入亲密关系，无论是普通朋友还是婚恋伴侣，或是直系亲属，体验都是很糟的，分裂者的神经质会让人感到莫名其妙，他们的疏远和猜疑也会给人带来非同寻常的委屈和愤怒，能够长期与分裂者相处的人，通常也有自身需要解决的问题。

分裂型人格障碍者的吸引力

如果你容易被他人的"特别感"或者"成就感"吸引，那么你可能就会被分裂者吸引。

分裂者不喜社交，独来独往，看起来超凡脱俗，会给人一种神秘感，让人对其产生好奇以及好感。

分裂者情感淡漠，平日里较为安静，偏向适应人少的工作，比

9 矛盾、混乱、莫名其妙！与分裂型人格障碍者的日常

如图书管理员以及山地、农场、林场的守卫，或者从事艺术创作类的工作，给人文静的印象，会被误认为是情绪稳定之人。他们的孤独和鲜少与人来往的行为习惯对一些人来说也是正面的——不受传统束缚，不必瞻前顾后，一身孤胆。

分裂者中不乏在某些方面天赋异禀、才华横溢的人，他们可能能够收获一些杰出的成就，令人尊敬和欣赏，而忽略了其人格潜在的危险性。

如果分裂者的症状不算严重，他们可能会主动寻求一些情感，只是会表现得有些害怕、退缩甚至回避，会被误认为是内向、害羞、单纯，因而受到一些人的喜欢。

分裂者在生活中也可能给人一种极有个性的魅力，他们的想法和观点总是十分奇特甚至神经质，令人印象深刻。他们可能会对主流观念或者宗教抱有怀疑的态度，极尽挖苦和讽刺，以猎奇的角度来批判传统以及各种各样的规范，他们可能会成为非常有个性的艺术家、文学家或者玄学家，吸引一些粉丝。

总而言之，与分裂者相处时常常会感到莫名其妙且孤独，与其的联结并不会真正发生，只会停留在一种无法言说、充满幻想的状态，长此以往，不利于身心健康和心智成长。

如何摆脱隐性控制

分裂型人格障碍者的特征

我的咨询者小青就曾遇到过一个分裂型伴侣，名为小努。

小努是一名颇有名气的艺术家，有自己的公司，他的脾气、行为和装束都十分怪异，性格也很孤僻，不爱与人社交。平日里他玩世不恭，独来独往，不负责任，从不关心公司的业务，也常常联系不上，更不愿意与同事合作，深受同事们的厌恶，人际口碑也很差，但他完全不在乎，依然我行我素。

小青作为小努的"经纪人"，给予了小努最大的宽容、照顾和支持，也耐心为小努的人际关系善后。两人合作多年，小努佳作频出，在商务合作方面小青也处理得很好，有小青在，公司经营得不错。久而久之，工作配合度高、相互欣赏的两人便默默确定了恋爱关系。

然而，确定恋爱关系后，每当小青想要靠近小努，小努就会表现出排斥和暴躁，挑刺、攻击和辱骂不断。小青不知道小努为什么会这样，她不断地安慰自己也许这就是"艺术家的个性"，因此不断地忍耐。随着交往的深入，小努情绪失控的情况越发常见，小青疲惫不堪，担心继续交往下去会影响工作，于是无奈地和小努分手，恢复同事关系。这段恋爱只艰难地维持了不到一个月。

没过多久，小努开始激烈地指责小青一定是因为不忠所以选择分手。无论小青如何证明自己没有劈腿，小努都坚信小青背叛了自己，并经常在自媒体上隐蔽地攻击和辱骂小青不检点。小努对小青

9 矛盾、混乱、莫名其妙！与分裂型人格障碍者的日常

产生了极端的防备、质疑和恨意，在生活和工作中总是有意无意地为难小青。小青感到心力交瘁，又因为合作合同在身而暂时无法摆脱小努，只能默默忍受。渐渐地，小青患上了抑郁症，因为郁结难舒和无尽的困惑，小青向我咨询。

在耐心了解小努的情况后，我告诉小青，她所遇到的小努是分裂型人格障碍者。小努之所以总是用破坏和攻击的方式来引起小青的注意，正是因为小努在乎小青，这是分裂型人格障碍者扭曲地表达爱意的方式。

分裂者在亲密关系中的行事风格怪异，好像一边暴力地推开你一边又和你说"和我亲近些啊""我在乎你啊"，而当你靠近的时候，他又再次暴力地推开你，警告你与他保持距离，别想入非非，如此循环往复。

小努之所以这样矛盾，是因为当别人亲近他的时候，他会感到恐惧和厌恶，这种恐惧和厌恶是在他的原生家庭和成长经历中造就的。原来，小努的母亲在他年幼的时候就因嫌家境贫寒以及与他父亲性格不合，抛弃了他们父子。从小缺乏母爱的小努对被抛弃充满恐惧、憎恨，加上小努天生瘦弱，年幼时饱受欺负，只有他表达愤怒和冲突的时候，欺负他的人才会有所收敛，常常忽视他的父亲也才会对他多些关注。成年后，小努创作的艺术作品也是因为强烈地呈现出了愤怒而自成一派，强烈的情绪表达激起了大众的共鸣，小努进而收获了认可和流量。因此，小努习惯了用愤怒和攻击的方式引发关注、表达在乎，而这种破坏性的情绪和行为让他在乎的人痛

苦不堪，只想逃离。而当别人逃离时，小努又会产生要命的孤独感、被抛弃感以及无聊，进而更加愤怒，攻击性更强，如此恶性循环，把人际关系弄得越来越糟。而小青深刻地体验到了与分裂者建立亲密关系所带来的情感冲击和伤害。

接下来，我来解析分裂型人格障碍者的十一个常见特征，稳定地符合其中三个以上，就表明这个人有这种人格障碍倾向，难以相处且具备一定的危险性。

◆ 牵连观念

牵连观念是一种由病态的自恋引发的妄想，表现为将外界与自己无关的偶发事件和随机事件错误地解释为对自己具有不同寻常的意义。

分裂者常常会有牵连观念，他们常常幻觉自己对外界的影响力很大，外界的风吹草动都与自己有关。比如天空下起了雨，分裂者会觉得是老天故意考验自己；在路上走时不小心摔了一跤，觉得有不明的能量在攻击自己；认定自己在某个特定路口经过三次就会发生灾难；看到媒体上的新闻觉得这个新闻是针对自己发布的；等等。

◆ 奇异的信念和想法

分裂者脑内充满了天马行空的奇异幻想，思维习惯常常脱离实际，也常常违背所处环境的文化氛围和信仰偏好，比如，他们常偏爱一些小众、思想离奇的信仰，或者自己创立成员只有他一人的宗教。

分裂者也坚信自己有特异功能，比如坚信自己有千里眼、顺风耳、心电感应或者魔法等。他们常常觉得自己能预感大事发生、自己可以与动物或者电器对话、自己会读心术等，这些奇特想法往往没有现实依据，而是一种由病态自恋衍生出来的觉得自己异于常人的妄想。

许多分裂者觉得自己有通灵的能力，能够与灵魂对话，其中很多人确实时常出现幻听，并由此认定是未知的灵魂在与自己对话，所以很多分裂者从事灵媒类的职业。

更多的时候，分裂者倾向于虚无主义，没有信仰，平日会表达自己的无神论，因为他们潜意识里觉得自己就是神，不需要信仰"其他的神"，也常会以否定和摧毁他人的信仰为乐。

◆ 知觉障碍

分裂者常会有不寻常的知觉体验，比如感到有另一个人存在或者轻唤他的名字，感觉自己身体的某一部位不受自己的控制，甚至觉得身体不属于自己。各种各样的幻觉是分裂者最常见的知觉障碍的表现。其幻觉一般有四个特点：幻觉的人事物形象生动；幻觉的人事物存在于客观空间；幻觉的内容不从属于自己；幻觉的内容无法随着自己的主观意愿而改变。

幻觉可以按照不同的感觉器官分为幻听、幻视、幻嗅、幻味、幻触和内脏幻觉。

如何摆脱隐性控制

　　幻听是指没有听觉刺激也可出现听觉体验。分裂者最常见的幻觉就是幻听，持续的语言性幻听常常是分裂者的突出表现，幻听的内容主要为争论、评论或者命令。幻听常常使分裂者苦恼、愤怒、不安，甚至受幻听影响，出现兴奋、激动、自伤或者伤人行为。有时候分裂者会幻听到他人为自己辩护，听到表示同情和赞扬的话，他们会自顾自地表现出洋洋自得的样子或者自笑。有时分裂者幻听到他人命令自己做某种事，自己则难以抗拒地去执行这道命令，这种幻听情境下的分裂者可能会出现危害社会的行为。有时分裂者幻听到别人窃窃私语说他们的坏话，因此勃然大怒，对他人发动攻击。有时分裂者幻听到一些自己听不懂的语言，觉得自己撞邪了，等等。分裂者出现幻听的时候会信以为真，即便身边的人告诉他们没有任何异样的声音，他们也不会相信。

　　分裂者也常会在没有视觉刺激时出现视觉体验。幻视多种多样，如简单的光、单一的颜色、单个物体、复杂的情景场面、认识或者不认识的人物等，有时画面鲜明生动，有时比较模糊。幻视容易导致误解和惊恐，比如分裂者觉得有人在自己的房间里、有人跟踪自己或者走错路等。幻视常常会被人们归因为较为迷信的解释，比如撞邪、鬼打墙。

　　分裂者也常会闻到一些难闻、令人不愉快的气味，如腐烂的食物、尸体、烧焦的物品、粪便或者化学药品的气味等。分裂者往往会把幻嗅与其他幻觉和妄想结合起来，坚信他们闻到的气味是坏人故意放出来的。

分裂者也可能品尝到食物内有某种异常特殊的刺激性味道，因而拒食。幻味也常与其他幻觉同时出现。

分裂者会幻觉自己躯体内某一部位或者某一脏器有异常，如感到肺被煽动、肝脏破裂、肠扭转，他们能够准确地定位"出现问题"的内脏，这种幻觉常与疑病妄想和被害妄想同时出现。

知觉障碍常常让分裂者看起来神神道道、自言自语，也会让他们陷入脱离现实的恐慌。

◆ 逻辑混乱的思维和语言

与分裂者交流是个痛苦的过程，我们会常常不知道他们想表达什么，难以与其有效地沟通。

分裂者语言风格十分奇特，通常语句松散或者语意含糊，但又没有完全跑题，他们的描述和回应可能会过分具体或者过分抽象，还常会以不同寻常的方式运用词语和概念，所表达的内容含糊不清或者充满只有他们自己能理解的隐喻，常常缺乏目的性、连贯性和逻辑性。

我的咨询者中有许多分裂者，他们每次咨询时都会说很多不着边际的话，比如从他们当天做了什么事忽然跳转到他们对一些新闻的看法，从他们所观察的身边人的着装跳转到晚上吃什么，跳转的几个话题间毫无联系。当我问他们找我咨询是出于什么目的时，他们又会扯到他们当天做了什么，不直接回答我的问题。与分裂者交流的过程多半是答非所问、不知所云的状态。有时候他们忽然长时间不说话，我以为我们的语音断联了，询问他："还在吗？可以听见吗？"过了许久他们才回复，表示他们走人行道的时候是"不能说话"的。

许多分裂者找我做长期的咨询，却说不清楚自己为什么来咨询、希望能够解决什么问题，也无法正面回应我的问题。我一直耐心地倾听他们分享的光怪陆离的日常和对一些事物的独特看法，常常会有头晕的感觉。他们往往会说满咨询的时间，然后忽然不把话说完就结束一次咨询。

分裂者与人交谈时经常绕圈子，半天说不到点子上，又句句沾点边，令人困惑和无奈。一部分分裂者语言支离破碎，语句之间毫无关联，他们还会自己创造一些词语，赋予其特别的含义。因此，分裂者也常会给人一种无法听懂别人说话、神经质、意识不清醒的感觉。

分裂者通常在青春期就出现思维混乱的症状，主要的表现就是思维、情感、语言和行为的混乱和障碍。他们的情感体验肤浅、幼稚，给人感觉傻气，他们会出现扮鬼脸、恶作剧、对异性展现出花痴的状态、言语内容不连贯、行为无法预测、做事没有目的等状态。此外，他们可能也常会出现妄想和幻觉。分裂者有时会自行调整混乱的思维，但维持不了多久又会再次混乱。

◆ **猜疑或者偏执、妄想**

分裂者通常敏感、猜疑，观念偏执，比如坚信同学或者同事在

9　矛盾、混乱、莫名其妙！与分裂型人格障碍者的日常

背后说自己的坏话、陷害自己。这种被害妄想症的倾向和偏执型人格障碍者相似。分裂型人格障碍与偏执型人格障碍常常同时存在，而分裂者相较于偏执者更容易出现幻听，但不像偏执者那样会伺机报复，分裂者倾向于更加疏远对方。虽然自恋者也会出现猜疑和社交退缩，但他们的动机是害怕自己的不完美被他人发现，而分裂者这样做是因为觉得他人的存在对自己而言是一种威胁。

分裂者的偏执观念往往在其青壮年时期就会出现，在不知不觉中诱发，一开始表现为敏感多疑，幻觉别人在议论自己，觉得别人看自己的眼神另有含义。在这个过程中，分裂者会表现得过分警惕，但还能正常生活。一开始的敏感多疑往往难以识别，进一步就会出现妄想。而妄想主要分为关系妄想、被害妄想、疑病妄想、嫉妒妄想和物理影响妄想等。

分裂者坚信周围环境均和自己有关，比如觉得旁人聊天是在议论自己、别人吐痰是针对自己、不认识的人的举动都与自己有关，他们甚至觉得路上汽车的轰鸣声和喇叭声都是因为有人故意针对自己。

分裂者会毫无根据地坚信别人在迫害自己及自己的家人，比如使用跟踪、诽谤、下毒等方式，被害妄想常与幻觉有关联，可以与其他妄想同时存在。

分裂者常常觉得自己被外界特殊的能量控制，比如无线电、光波、射线或者灵魂等，也常常觉得自己的身体不属于自己，自己难以控制。

分裂者坚信自己的伴侣对自己不忠，与其他异性有不正当关系，他们会跟踪、监视伴侣，检查伴侣的衣物、电话记录、手机短信等。这种嫉妒妄想也是偏执者常出现的状态。

分裂者坚信自己有非凡的才能、至高无上的权力、大量的财富等，也常常觉得自己就是神。这种夸大妄想也是自恋者常出现的状态。

分裂者常常坚信自己被某一异性或者多名异性爱恋，当遭到对方拒绝时，他们会认为对方在考验他们或者在欲擒故纵，故纠缠不休。这种钟情妄想也是表演者常出现的状态。

分裂者还总觉得自己患了某种严重的身体疾病，到处求医。

妄想是一种被歪曲的信念，不符合客观现实，但分裂者对此深信不疑，无法被纠正和说服。当然，一个人格健康的人有时也会产生妄想或者错误的想法，但一般较容易通过现实的检验而得到纠正。

其他类型的人格障碍者也会出现敏感多疑、偏执和妄想的情况，但分裂型人格障碍者的妄想往往种类更多，也更为严重。通常各类人格障碍者因为心智未能顺利成长，也多兼具分裂型人格障碍者的特征。

◆ 不恰当或者受限制的情感

分裂者通常缺乏基本的共情能力，因此在人际交往过程中表现出不恰当行为、僵化或者受限制，如思想贫乏、情感淡漠或者意志减退等。其早期表现为类似神经衰弱的症状，如精神萎靡、注意力

9 矛盾、混乱、莫名其妙！与分裂型人格障碍者的日常

涣散、头昏、失眠等，然后逐渐出现孤僻、懒散、兴致缺失、情感淡漠和行为古怪，以致无法适应社会需要。

性欲淡是分裂者的一个明显特征，他们可以算是不近男/女色的典范。有的分裂者内心世界丰富，也会想入非非，但缺乏相应的情感内容和能力，不会为此出现与他人联系的举动。

分裂者的常见表现还有内向、孤僻、胆小、懦弱、自卑、害羞、沉默寡言、不爱交往、不关心他人对自己的评价、缺乏知己、行为怪异等。

尽管分裂者没有丧失对现实的认知能力，但是其社会活动能力较差，也缺乏进取心，所以他们往往会回避社交和现实，沉溺于幻想之中。他们常以无情、冷漠来应付环境，以"眼不见为净"来逃避现实，但他们这种"与世无争"的外表无法压抑内心的恐惧、焦虑和痛苦。

分裂者以自我为中心的倾向十分明显，他们对他人态度冷淡，怕见生人，不爱主动与他人打招呼，也不愿介入他人的事，尤其回避竞争性的环境。

分裂者也常缺乏信心，害怕在他人面前说话做事，往往话到嘴边就犹豫起来，吞吞吐吐，精神紧张，手足无措。他们做事害怕别人看见，怕被人耻笑，也由于总是远离人群而被群体孤立，人际关系越来越紧张、难堪。

严重的分裂者在青壮年时期就出现紧张性木僵的症状，他们紧张或者焦虑的时候会不吃、不动、不说话，如同泥塑或木雕，可被

别人任意摆弄肢体而不予反抗，但意识依然清醒。有时这类严重的分裂者会忽然出现难以遏制的兴奋和躁动，这时他们行为暴烈，会出现伤人毁物的行为，但一般数小时后这种症状会缓解，又进入木僵状态。

分裂者常见于学习成绩落后、工作表现不好、在群体中地位低下的人，严重者患有精神分裂症。但分裂型人格障碍不算精神病，不伴随出现病理性的幻觉、妄想、情感淡漠、思维与行为紊乱等精神分裂症的特殊症状。

◆ 古怪的外表

分裂者可能在儿童或者青少年时期就表现出孤僻、不良的伙伴关系、社交恐惧、学习成绩不佳、高度敏感、独特的思维和语言风格以及古怪的幻想等特点，而外在也会有异于常人的表现，比如服饰搭配奇特、衣冠不整、不卫生等。

◆ 缺少密友或知己

分裂者不爱与他人来往，拙于交际也缺乏温情，他们能体会到自己的人际关系有问题，也会因此感到不快，但他们对亲密接触没多大欲望，与他人互动会感到不适，因此，他们往往对社交和维持情感关系不感兴趣，也缺乏相关的情感能力。即便是面对家人，分裂者也会表现得很冷淡，缺少关怀体贴的能力。他们似乎超脱凡尘，不能享受人间的种种乐趣，比如爱情、天伦之乐等，也缺乏表达人类细腻情感的能力。大多数分裂者偏爱单身，即便结婚，也多以离婚告终。

如此看来，分裂者很可能成为一位"道学家"，只认可自己的道德规范，自行建立一个由自己的妄想和幻想建立的私人世界，不需要他人的参与。

也有部分分裂者有一些独自进行的业余爱好，如阅读、欣赏音乐、思考，他们可能会沉醉于某种不需要与他人过多接触的专业研究，并收获较高的成就。

如果分裂者的症状加重，他们对外界的兴趣会渐渐消失，现实世界对他们来说仿佛不存在，他们退缩到自己幻想出来的天地，深陷孤立无援的恐惧中，最后完全与现实世界脱节。

◆ 社交恐惧，越亲密越抵触

分裂者在社交场合会表现得焦虑，尤其是有陌生人在场的时候。不到万不得已，分裂者不会与他人互动，因为他们觉得自己与众不同，不愿合群。分裂者的这种社交焦虑不会轻易减弱，反而会随着时间的流逝越来越严重。哪怕已经与一个人认识了很久，分裂者也不会因此与对方更熟悉，这与分裂者怀疑他人动机不良有关，分裂者倾向于对外界和他人做出较为不安的解读。

虽然回避者也有严重的社交恐惧，但他们与分裂者不同的是，他们往往出于自卑而恐惧社交，心里还是渴望与他人建立联结的，分裂者则是出于对外界和他人的极度防备而恐惧社交，没有与他人

如何摆脱隐性控制

建立联结的欲望。虽然偏执者也不喜欢社交，对外界和他人做出恶意的解读，但他们倾向于采取报复行为来回应，但分裂者则以疏远和不搭理来应对。

分裂者费劲心力地独自生活，尽可能地自给自足，他们不依赖任何人，也不需要任何人，更不愿意为任何人负责。分裂者对亲密关系感到严重的不适。然而现实中，分裂者无法真正与所有人隔离，所以，一旦感觉边界被跨越，他们会无所不用其极地采取保护措施，比如愤怒地攻击或者断联，以便自己能够远离人群。他们往往把人际关系通通公式化，尽可能地避开与他人的交集，只在很小的圈子里活动，甚至隐姓埋名，依附某个他认为无关紧要的团体。

分裂者平日里给人的感觉是冷若冰霜、若即若离、遥不可及，人们很难与分裂者攀谈，即便勉强沟通，也难以理解他们的表述。越靠近分裂者，他们就会逃得越远，并对靠近者充满敌意和厌恶，以缓解自己对亲密关系的恐惧。

由于恐惧与他人联系，分裂者缺乏基本的情感能力和人际交往经验，这导致他们无法了解、理解他人的世界，无法正确地归因别人做事的动机。他们只靠妄想、幻想或者猜想来臆测他人，往往结论与现实不符，这让他们极其缺乏安全感。这种持续的不安全感会让分裂者陷入无尽的猜疑，无法分辨自己的臆想与现实的区别。这种心理状态长期折磨着分裂者，让他们心力交瘁，更加回避社交。

分裂者在亲密关系中也常陷入麻烦。他们对参加班级活动、进入青春期、与异性交往、维护伴侣关系等都十分恐惧、生疏，别人

9 矛盾、混乱、莫名其妙！与分裂型人格障碍者的日常

越靠近，他们就越退缩，即便对对方产生了生理性的萌动或者欲望，他们也会将其看作危险的信号，进而更加抵触。有亲密或者性爱需求的分裂者可能会在众多可选择的对象中选择一个自己完全不喜欢的人，而这个伴侣不能挑起分裂者无法掌控的情感，不会让分裂者感觉自己被影响、被套住，这会让分裂者感到安全。

维护情感关系对分裂者来说实在太难，因此他们会采取简单的应对策略，比如冷暴力，或者只发展纯粹的性关系，除了满足欲望，伴侣对他们来说毫无价值。也正因为分裂者极力避免与伴侣产生感情，他们出轨如同换衣服一般轻松，不愿担负任何责任。责任对于分裂者来说是危险的束缚。

◆ 侵略性较强，缺乏共情能力

分裂者的侵略性源于他们的恐惧。恐惧会导致厌恶，厌恶又会导致愤怒，进而引爆侵略性，就像无法管理自己情绪的孩子面对恐惧的第一反应是无助地愤怒、大吼大叫、乱打一通，这种行为就极具侵略性。

对于很少与他人接触，觉得自己的存在处处受威胁的分裂者来说，当本能的生理欲求需要满足时，他们会通过掠夺或者攻击的方式来满足自己的欲求，并且意识不到自己的做法会伤害到他人，严重的分裂者甚至会犯下强奸或者杀人的罪行。

分裂者也常会把恐惧与渴望混为一谈，把害羞转化为敌对，为了避免体验尴尬，他们随时会撤退，以无比防御和敌对的状态与他

人交往，确保自己"安全"。分裂者用一系列的敌对操作摧毁亲密关系后，他们自己其实也会感到痛苦，但他们觉得自己别无选择。而极端的分裂者会因过度猜忌他人而蓄意谋杀。

虽然边缘者也有很强的侵略性和攻击性，但他们的冲动、暴怒和应激反应更持久，也有着强烈的与他人建立联结的渴求。而分裂者通常不会表现出边缘者那种一触即发的冲动或者操纵行为，他们只是单纯地不爱与他人多接触，目的在于摆脱他人。

总而言之，分裂者难以培养爱人的能力，他们的自由和独立若受到关系的影响，他们就会感到排斥、厌恶，如果遇到无论如何虐待都不走、愿意理解他们的人，他们可能会任其留在自己身边，但不会表露出好感。

◆ 高共病率

分裂者与其他类型的人格障碍者有极高的共患率，比如共患偏执型、回避型、自恋型、表演型、边缘型、反社会型人格障碍等。思维分裂和缺乏情感能力是人格障碍者的主要特征，分裂者的危险程度不亚于反社会者。

分裂者也更易患与焦虑或者抑郁相关的心理疾病，或者发展为精神分裂症。分裂者的自杀率也极高，认知的混乱会让分裂者自身和身边的人都陷入危险，幻听、妄想、高共病率、易感抑郁这些特征都会让分裂者急于逃避痛苦，进而选择轻生。

以上是分裂者常见的特征，分裂者极具危险性，请在识别其人格本质后与其保持安全的距离。

值得注意的是，"分裂型人格障碍"和"精神分裂"并不等同，分裂型人格障碍是心理学用语，而精神分裂是医学概念，虽然两者的症状有些相似，但不代表分裂型人格障碍者就是精神分裂症患者。精神分裂症是一种慢性的精神疾病，指的是各种不同原因（生物学、心理学或者社会环境因素）的影响下，人的精神活动发生分裂，思维、情感、意志和行为相互之间不协调，对现实产生歪曲的理解和认识，行为荒诞、怪异，一段时间内出现幻听、妄想、失控、情感障碍以及情绪高涨或者低落的反应。处在各个人生阶段的人都可能在一段低谷期患上精神分裂症，早期通过医疗干预能够治愈。而分裂型人格障碍往往从青少年时期开始显露出相关的特征和症状，稳定维持到成年之后，分裂型人格障碍者的灵魂和肉身如同分离一般，对自我的认知或感知是扭曲的，也对他人的存在充满恐惧。

与分裂型人格障碍者的合适边界

如果能在关系早期识别出对方是分裂者，请尽早与其保持安全的距离。分裂者大多不喜社交，偏爱独处，不过多地纠缠和干扰就是对他们的一种尊重。

如果你已经陷入与分裂者的危险关系，想要离开，那么需要做一些准备。

（1）在关于分离的沟通过程中不要攻击或者刺激分裂型人格障碍者，减少负面评价。

分裂者的思维缺乏逻辑，情绪反应也较为原始，内在对他人充满敌意，他们对负面评价的情绪反应通常较为激烈，出现危险行为。如果你已经决定离开分裂者，那么尽量表明是自己的原因导致的，不要威胁分裂者，以免触发他们的敌意和应激反应。

在沟通过程中也可录音，如果分裂者说出死亡威胁的话语，后续又出现危险的行为，这些录音也可留作证据。

（2）分离后在工作地点或者住所附近安装监控，出行注意安全。

由于分裂者会出现幻觉，所以他们的行为往往难以预测和理解，在住所附近安装监控确保生活环境的安全尤为重要，必要的时候需要报警求助。

（3）不心软、不解释、不回应。

分离后，分裂者可能会在自媒体平台发布各种表露愤怒、痛苦的内容，甚至可能会毁谤和诋毁你。这个时候，不要心软，也不要解释和回应，请了解分裂者的认知和思维逻辑常常处于混乱的状态，你无法和他达成共识和理解，他这么做只是为了发泄情绪，且无法感知你的情绪，不予回应可以避免再次陷入纠缠，也避免触发分裂者的应激反应。

如果分离后分裂者压根不搭理你，对你来说就是一件安全且幸运的事，请不要为了证明自己的重要性而反复纠缠、质问对方，过多地联系容易激怒分裂者,愤怒状态下的分裂者行为容易失控,这会让你陷入危险。

如果暂时难以与分裂者分开,那么你需要做好多方面的准备。

(1)放弃自己的情感需求。

接受分裂者没有情感能力这个现实,放弃希望分裂者能够理解自己、与自己亲近、关爱自己,允许分裂者持续的攻击和疏离,而不归因为自己不配被爱、没有价值,不为了与分裂者亲近而委曲求全,在分裂者回避的时候不去打扰。

(2)放弃与分裂型人格障碍者沟通和倾诉的需求。

接受分裂者思维逻辑混乱这个现实,不去期待你们能够通过沟通或者倾诉达成互相理解。倾听分裂者天马行空的幻想和混乱的言语,且不急于厘清逻辑,不纠正或者教导分裂者使其符合自己的逻辑。接受分裂者缺乏共情这个现实,如果渴望向他人倾诉,请另找密友或者求助于心理咨询。

(3)保证自己与分裂型人格障碍者的安全。

接受分裂者常发生妄想和幻听这个现实,其行为无法预测,且分裂者拒绝接受现实,其幻觉的状况难以改善。在你们相处的环境里安装监控,实时记录,并去健身房之类的场地学习一些防身技巧。当分裂者情绪激动甚至做出伤害自己的行为时也要及时制止,带他们远离有危险器具的环境,如厨房。

（4）放弃解释、证明自己。

分裂者的偏执和猜疑是非常顽固的，有时候也会受妄想和幻听的影响，他们对自己的想法深信不疑，所以，不需要费心和他们解释。当他们开始用妄想和猜疑强烈地指责你的时候，你就要做好安全防备，以免分裂者做出过激的举动。如果他因此疏远你，请不要追问和纠缠，过好自己的生活并注意安全。

（5）如果分裂型人格障碍者并发抑郁症或者躁郁症，及时带他去治疗。

分裂者有着极高的共病率，如果并发其他人格障碍，请及时带他去求医、治疗。你自己保持心理咨询，不被分裂者影响也十分重要。

10

拒绝、无视、孤独！

与分裂样人格障碍者的日常

How to
Get Rid of Implicit Control

俗世的人情世故无法拨动分裂样人格障碍者（书中简称"分裂样者"）的心弦，他们不明白也不关心自己与他人的喜怒哀乐、爱恨情仇，他们特立独行，清心寡欲，一心只想沉浸在自己的小世界里，做着无人能懂的重复行为，沉浸在不愿分享的梦境中，不愿醒来。

与分裂样人格障碍者相处时的感受

我的线上咨询者小欣觉得自己找了一个"丧偶式"伴侣，为此郁闷不已。

小欣和她的爱人阿成是相亲认识的。两家父母交情不错，撮合孩子在一起。小欣当时觉得阿成长得清秀，看着安静、稳重，又是家族企业的会计，工作稳定，是个适婚的对象。阿成对小欣也表现得并无要求或者异议。于是两人很快地领证，步入了婚姻。

婚后，小欣感到十分诧异，阿成不爱说话，也不爱社交，每天下班回家就进自己的房间研究数学公式，看相关书籍，从不搭理小欣。即便小欣的父母或者朋友来家拜访，阿成也不太搭理，甚至是

10 拒绝、无视、孤独！与分裂样人格障碍者的日常

阿成的父母来探望，他也十分冷漠。阿成每天上班下班，来去匆匆，好像小欣不存在一样。更让小欣无法接受的是，他们结婚三个月来，两个人连手都没有牵过。小欣想，是不是因为他们之间没有感情，阿成才如此排斥自己。于是小欣尝试与阿成沟通，问阿成是不是对他们的婚姻有抵触的情绪。但阿成只简短地回应"没感觉""不喜欢亲近"。生活中的阿成像一个没有生活常识的小孩，生活自理能力很差，不干家务，也不会说一些体贴、关心的话。小欣觉得自己就像一个免费的保姆打理家里的日常，每当她想推进关系，都会被阿成漠然地拒绝。这段婚姻让小欣感到孤独、压抑和自我怀疑，不知道阿成为什么要这样对自己。这段婚姻维持了不到半年，小欣就申请离婚，阿成对离婚的办理也表现得十分冷漠。

离婚后，小欣仍然处在困惑和郁闷中，于是前来咨询。我告诉小欣，问题不在她，也无关她是否值得被爱，问题在于阿成很可能是一个分裂样人格障碍者。

与分裂样者沟通是十分艰难的，他们要么沉默不语，要么词不达意，大多数时候会让人感到不知所云，这是这类人格障碍者的惯常表现，心理治疗很难介入，这类人格障碍者也不会求助治疗。

与分裂样者相处，联结不会发生，温情也不会出现，他们缺乏最基本的情欲，也对人情世故毫无意识，与他们相处，你只会感受到被排挤、被无视和孤独感。

你也许会因他们的冷漠心生愤怒，比如他们可能会看到父母生病、重伤而无动于衷，他们可能会对漏电、着火这些危险隐患视而

不见，等等。你可能会抨击他们冷血无情，但他们可能并没有做什么实质性的伤害别人的事，只是在情感上，你无法唤醒他们的一丝关心和关注。

分裂样者即便在你身边，是你的亲人或者伴侣，你也感知不到他们与你有任何关系，这种与正常人完全不同的情感模式会让你感到困惑、陌生，并产生自我怀疑，误以为自己是不是被针对和排挤了，然而现实可能仅仅是因为分裂样者压根就没有正常的情感能力。

为何会被分裂样人格障碍者吸引

分裂样者可能会受"智性恋"者的喜爱。

"智性恋"，顾名思义，是以智商标准作为恋爱取向标准的人，他们会受到他人的高智商影响而产生性吸引，甚至被唤起性欲。

分裂样者虽然缺乏情商能力，但他们的智商一般正常，在某些方面甚至表现得超常，一些科学家、发明家、计算机奇才以及音乐家可能是分裂样者。

文学作品中分裂样者的典型代表是福尔摩斯，他具有很多分裂样人格障碍的特质，比如：他不期望与他人交往，为了破案，才迫不得已与他人接触；他与助理兼密友华生以及自己的亲哥哥都保持冷淡的距离；没有案件时，他几乎埋头研究数理化以及与案件相关的逻辑推理内容，基本上不与他人联系，更不会有人情往来，他如同一个独行侠，人世间只有案件能够让他稍微提起兴趣，倾尽全力；等等。福尔摩斯是文学作品中的人物，收获了不少崇拜其智商的粉丝，生活中的分裂样者也类似，会因为在某个领域智商超凡、成就突出而吸引智性恋者。

对分裂样认知不足的人也可能对其产生爱慕之情，因为分裂样者独来独往、不苟言笑、情感淡漠，会给人情感独立、神秘、情绪稳定的错觉，很多人会因此沉迷。

还有一些注重外貌而全然不顾内在人格的人，遇到外形属于自己喜欢类型的分裂样者，也会对其着迷。

圣母心爆棚或者照顾欲强烈的人也可能会被分裂样者吸引，总觉得离群索居的分裂样者需要关怀，觉得生活难以自理的分裂样者需要照顾，进而进入追逃的恋爱模式。

总而言之，分裂样者日常鲜少社交，对人世间大部分的人事物都缺乏兴趣，也不合群或者参加聚会，在生活中与他人不会有过多的交集，遇到的概率不大。

分裂样人格障碍者的特征

无所谓自己是谁、生命有什么意义，也无所谓七情六欲，活着就只是活着，没有什么乐趣可言，别人怎么想他、怎么看他，分裂样者完全不在乎。他们像是游走在人间的行尸走肉或者来地球做客的外星人，拒绝和这个世界建立联系，拒绝被这个世界侵扰。

◆ 对亲密关系毫无兴趣

　　分裂样者缺少对亲密关系的欲望，对可以发展亲密关系的机会也无动于衷，他们并不会因为与他人建立了联结或者融入集体而感到满足，即便是最亲的亲人，他们也常常疏远、冷漠以待，对他人对自己的评价和看法毫不在意，无动于衷。

　　对于分裂样者来说，人际关系是荒谬的，除了会产生很多不必要的麻烦，并无任何益处，还会影响他们捍卫真实的自我，打扰他们自由的生活状态。对于分裂样者来说，应付人际交往真是一件太不值当的事，因此他们尽力避免与他人接触。只是，在他们与世无争的外表下，内心却很压抑，充满了焦虑和敌意的痛苦，但又因为难以察觉和表达而无法舒缓。

　　分裂样人格障碍又称自闭型人格障碍，他们与他人隔离、与社会隔绝、情感淡漠，不关心他人。他们在孩童时期缺少同伴，多半有与孤独症或者自闭症类似的表现，他们怕见人，对社交排斥，独来独往，交友和婚恋容易受阻。这类人格障碍者情商较低，但智商通常不低，对数学、计算机或者智力游戏类的事物可能会有超乎寻常的天赋和兴趣，如果他们从事与社会接触较少的工作，可能会在相关领域有所成就。

◆ 孤僻

由于对社交毫无兴趣，分裂样者偏爱独处，他们常常会表现出社会性的隔离，像独行侠。他们会选择独自、不需要与他人互动的活动或者爱好，也只能适应人际交往较少的工作和职业，他们的生活常常显得没有方向，也没有什么情绪。

分裂样者在青少年或者儿童时期就会表现出孤僻、不良的伙伴关系或者不合群的情况而遭受霸凌或者奚落，学业成绩可能不佳。

在人们眼里，分裂样者是"怪人"，他们的言行孤僻、怪异，导致他们很难适应社会，常因此被人看不起或者受人嘲弄，他们可能会因此变得多疑、偏执，甚至产生被害妄想，但大多数时候无视他人的反馈，也鲜少有激烈的情绪波动。

分裂样者常年自我封闭，又沉浸于机械的活动，比如数学计算、计算机编程类的思考，他们不谙世事，缺乏社会实践能力和经验。随着时间的推移，分裂样者可能会习得少量的社会生存技能，但生活能力和人际功能会不断退化，不断变得更加自闭、古怪。这一表现与他们的受教育程度和智商是不匹配的，他们可能会成为避世者、流浪者、隐士或者修行者，他们的灵魂仿佛不属于他们的躯壳，他们也不想来到人间，总是急于逃到没有人的角落休息。

虽然偏执者也较为孤僻，但他们孤僻是出于提防外界和他人陷害自己，对他人的评价和看法往往有过激的反应，情绪往往十分激烈。而分裂样者情感十分淡漠，他们可能觉得外界和他人是危险的、麻烦的。虽然回避者也较为孤僻，但他们孤僻是源于自卑，他们内心是渴望与他人建立联结的，只是苦于无法应对人际冲突。而分裂样者压根不想与他人建立联结。分裂者也较为孤僻，对人际交往缺乏兴趣，他们常受妄想和幻觉的困扰，而分裂样者鲜少出现妄想和幻觉。

◆ 性欲淡漠

分裂样者也是"不近男/女色"和"禁欲系"的典范，他们冷漠无情地应对生活中的一切，缺乏正常人的七情六欲，对生活中的大部分情况都毫不在乎。

◆ 缺乏乐趣

分裂样者很难体验到乐趣，对喜怒哀乐的体验也十分匮乏。比如我们与爱人在一起时的幸福感、看到美景时的陶醉感、收获成功时的成就感等，分裂样者难以体验，情感反应也很少。

虽然反社会者的情感体验也十分匮乏，但是他们的"兽欲"通常较为强烈，比如性欲、权力欲望、贪欲等，因此，反社会者往往目标明确，一切以满足自己的欲望为行为目标，且不择手段。而分裂样者缺乏欲望，对大部分事物无感，也没有满足欲望的动力和追求，离群索居主要是因为对大部分的人事物缺乏基本的兴趣。

◆ 缺少亲密朋友或知己

由于无欲无念，分裂样者缺乏社交技能，所以鲜少交朋友或者约会，更不会选择婚恋，即便对一级亲属，他们也缺乏关心和与其建立联结的兴趣。

◆ 无视他人的评价和看法

分裂样者不会被他人的看法困扰，对他人的肯定、批评或者攻击都无所谓。

◆ 情感淡漠

情感淡漠是分裂样者最明显的特征，主要表现为退缩、孤独、沉默、呆板、情绪缺乏和冷漠，他们体会不到一般人的情绪，因而也被称为缺乐症患者。他们通常显得比较呆板、平静，没有什么情绪和情感反应，他们的情感能力十分有限，常常表现出冷淡、冷漠。他们可能会有痛苦的感觉，特别是在人际交往中会感到极为痛苦和麻烦。

分裂样者也难以表达愤怒，哪怕面对直接的攻击或者挑衅，他们也可能会无动于衷，在出现某些极其危险或者灾难的情况下，分裂样者可能会有应激反应，出现短暂的病理性发作，持续数分钟或者数小时，也可能因此患上精神分裂症或者抑郁障碍。

分裂样者的自闭状态与轻度的孤独症患者十分类似，但分裂样者没有智力障碍方面的困扰，也不像孤独症患者那样有着严重的刻板行为和互动能力异常，并且分裂样者有对现实的认知能力。

分裂样人格障碍往往会与分裂型人格障碍、偏执型人格障碍和回避型人格障碍共存于同一个人的人格模式中，他们在日常生活中处于自我孤立的状态，几乎不会表现出抑郁和焦虑倾向，也不会因为人格障碍主动寻求心理治疗。

分裂样者和分裂者都表现得孤僻、情感淡漠，分裂样者离群索居，沉浸在理论推测而非实际行动中，而分裂者沉浸在妄想和幻想中，对现实毫无兴趣。

分裂者常常有牵连观念，觉得外界的一切变化都与自己有关，而分裂样者没有这种倾向，他们就是单纯地对外界没兴趣。

分裂样者与分裂者仍具有正常的社会功能，从年少时就开始有稳定的相应人格障碍的异常症状，而精神分裂症患者的社会功能可能会受影响，并且往往发病是暂时的。分裂样者比分裂者更容易诱发精神分裂症。

总而言之，分裂样者对外界鲜少兴趣，情感体验也十分匮乏，这类人格障碍往往从患者童年时期就开始形成并会维持一生，很少改变，也没有特殊的药物能够治愈这种人格，他们的智力良好甚至超群，对现实的认知也没有受到影响，平时鲜少社交也很少对他人产生不良影响，他们也不会主动寻求治疗。

与分裂样人格障碍者的合适边界

允许分裂样者独处，接受他们对人世间大部分的人事物没有兴趣也没有正常的七情六欲和情感能力这个现实，是对他们最好的尊重。请不要因此不断地指责和羞辱分裂样者，虽然他们无视他人的评价和感受，但是长此以往的恶意攻击容易引起分裂样者的应激反应，因为他们在情绪表达和释放上存在障碍，情绪难以正常排解，容易导致精神分裂症或者其他精神疾病的反应。

由于分裂样者在生活中独来独往，不太常见，所以也较少伤害和危及他人，即便与他人交友或者结婚，最后也会以无法沟通和建立联结而告终。由于分裂样者缺乏基本的生活自理能力以及对人情世故的感知力，只喜欢沉浸在一些机械化的工作中，如果你是他们的亲人，愿意照顾其起居，但要清楚，这些不是你的责任，不要过度背负。

允许自己成为自己，也允许别人成为别人，这个世界是多元的，人性和人格模式是多样的，在分裂样者自愿求助治疗之前，不要强迫他们改变，尊重他们独有的生存方式，不过度控制和干涉，更不过多打扰和攻击，就是最好的边界。

11

摆脱隐性控制，找回自己的声音

How to
Get Rid of Implicit Control

"他是因为爱我，才会监视和控制我。""他也是为我好。""我只对他有心跳的感觉。""虽然他很糟，但我之后找的比他更糟怎么办？""只有他这种糟糕的人才会喜欢我吧，我能怎么办呢？""'虐爱'也是爱！"……

困在一段不健康的关系里时，我们往往容易迷失自我，寻找许多借口解释自己为什么不能顺利摆脱这段关系带来的伤害，我们可能会执着地贪恋对方的外在价值如颜值、财力或者才华等而忍受问题人格障碍者的虐待。

有些人被困在不健康的婚姻或者血缘关系中，考虑到离婚没有面子、离婚无法自己生活、孩子还小、觉得自己无法摆脱患有问题人格障碍的亲人、觉得这都是命等，这些怯懦和自我道德绑架的想法会让病态的关系持续下去。

现实是，无论我们怎么自我催眠、自我麻痹、为身边的问题人格障碍者开脱，都不可避免地会在长期的不健康关系中身心俱损。我们可能会出现抑郁、抵抗力下降等不良生理反应；被情绪侵害严重的受虐者身体器官更容易长结节，肿瘤也可能随之而来……请了解，我们无法在不健康的关系里获得健康的体验，虐恋关系远比我们能够意识到的痛苦对身心的伤害更大。

11　摆脱隐性控制，找回自己的声音

　　我无法帮助你修复一段恶劣的关系，也无法帮助你改变或者拯救人格障碍者，因为这是连最厉害的心理医生也无法做到的事，但是我能够帮助你重新开始，走出人格障碍者带给你的身心创伤，陪伴你真正地心智成长，习得自爱和自我支持，携带着幸存者的智慧勇敢地前行，体验到不再受控于人格障碍者的有滋养的人生状态，遇到真正有爱的能力的人，收获健康的情感体验。

　　摆脱与人格障碍者的纠缠，无疑是一场大冒险，需要我们拓展对人性的认知，也需要我们一反常态，以一种自己不曾尝试过甚至不敢想的勇气来应对我们所面临的残酷现实。

　　看到这里，相信你已经对十种人格障碍者的行为逻辑和心理真相有所了解。如果你身边有这些类型的人格障碍者，相信你目前能意识到人格障碍者所带来的病态关系是如何持续消耗你的身心、如何让你的健康和生活逐渐陷入困境的，你兴许已经能够识别出人格障碍者并能够拒绝他们继续伤害你。

　　然而，不容忽视的是，长期处在病态关系中的人是不会因为某一刻觉得自己觉醒了就能马上身心痊愈的。我们过往长期的痛苦体验、身体所建立的情绪习惯会像瘾一样，即便我们已经拒绝并远离了人格障碍者，痛苦的情绪体验依然会定期发作，把我们拉回深渊，使我们变得悲观。这种反复的情绪反应会持续一段时间，持续的时长因人而异，也因过往受到的伤害程度而异，并且不受我们的理性控制，这便是心理创伤。

　　请了解，人格障碍者缺乏正常的情感能力，我们的包容和退让

只会助长他们的恶行,并让他们更加没有机会意识到自身问题,没有机会改善,所以,在物理空间上远离人格障碍者是我们能够走出病态关系的第一步,然后得以有喘息的空间和时间来调整长期以来的不良情绪习惯,疗愈自己的心理创伤。

接下来,我分享一些科学的梳理情绪的方法。

学习梳理情绪

如果你正处于创伤体验的阶段,每次不良情绪袭来的时候,你可以坚持做些记录。

(1)察觉当下的情绪,记录初始时间。

比如:我现在感到愤怒、我现在感到悲伤、我现在感到压抑、我现在感到嫉妒等。现在时间是晚上 22:23。

(2)接受当下的情绪,请详细地感受、描述和记录。

你的呼吸如何?是急促还是缓慢,或者是其他情况?

你的心肺感觉如何?有痛感还是灼烧感,或者其他感觉?

你的体温如何?是发热还是发冷,或者其他感觉?

你的胃部感觉如何?是否有反胃的感觉?

你的心跳如何?快还是慢?

你的四肢感觉如何?手心脚心发热还是发冷?

你的肌肉感觉如何?是充满力量还是酸软?

你的头部感觉如何？是否有头皮发麻的感觉？是否感觉头疼？诸如此类。

请闭上眼睛用心感受，详细记录下你所能感受到的所有的身体反应。

请了解，每个人对同一情绪的身体反应部位是不同的。比如愤怒时，有的人觉得胃疼，有的人觉得心脏狂跳，有的人觉得头疼，你需要详细地了解自己每种情绪对应的身体部位的反应。

这个感受和记录过程可以帮助我们更了解我们每种情绪发生时对应的身体反应机制，之后身体反应发生的时候，我们就能够很快意识到自己处于什么样的情绪，以此更了解自己的真实心意和需求。比如，我头皮发麻，感到肉麻和恶心，原来我不喜欢对方这个行为，我要尊重我的真实情绪，马上拒绝他靠近。

（3）别害怕，再坚持一下，请接受痛苦的情绪并充分体验身体的反应过程，并记录这种情绪和身体反应持续了多久。

请了解，每种情绪带来的能量都不会维持太久，只要我们接受它们和勇敢地体验过程，情绪强度就会慢慢减弱。

体验到情绪能量变弱，直到身体恢复正常，看看经历了多长时间，比如现在是晚上23:20，这次情绪体验维持了一小时左右。

如果我们愿意每次耐心陪伴自己接受、反应和记录情绪，这个情绪体验和身体反应时间会越来越短，我们所做的记录会呈现这种变化。

（4）等情绪体验完，身体反应变弱，情绪就被接受和梳理完了，

这时候请与自己刚才有反应的部位说一些安慰和支持的话语。

比如，向胃道歉："亲爱的胃，对不起，让你受委屈了，刚才我的心理创伤发作了，有一些未化解的愤怒情绪需要反应，这个过程很辛苦你，谢谢你的耐心反应。"与手脚对话："亲爱的手和脚，你们受凉了，我因为一些事情感到悲伤，我今天充分地体验了悲伤，也谢谢你们的耐心反应。"等等。

请耐心地支持和感谢陪伴你反应情绪的身体部位，练习以温情和关爱的方式与自己的身体对话，它们能够感受到。当我们的情绪被接受，我们的身体被好好地珍视和爱护，它们会感受到这份温暖，我们的潜意识也会慢慢地积累这些自爱和自我支持的片段，这是我们练习自我接纳和自爱的过程，也是我们练习承担自己情绪的责任的过程。

（5）当情绪反应平复后，我们的理性才能恢复，这个时候反思情绪的来由，探索自己的底层需求。

我们的大脑有自己的运行机制，并不受我们主观意愿的控制，那就是，大脑的"感性"压倒"理性"，情绪发生时，理性决策受阻。我们有必要尊重自己的大脑运行机制，情绪发生时，耐心地接受、陪伴情绪反应，等到理智上线的时候，探索自己的需求，真正地满足自己的需求，着手解决问题。

虽然人格障碍者给我们带来了许多困扰，但我们对什么事会产生什么情绪是我们自己的事，得由我们自行化解。比如，同样面对打压和贬低，有的人会认同、受控，有的人会回击、拒绝，每个人的反应都不尽相同。所以，化解情绪需要自己来做，毕竟他人不会受我们的主观意愿控制。因为人格障碍者缺乏自省能力，也没有正常的共情能力，如果认为只有他们认错你才会好起来，那么你可能永远好不起来。

也请了解，没有"不应该"的情绪，情绪出现了，就是合理的，耐心地探索，情绪里包含着我们潜意识里未察觉的真实需求。

等到梳理和记录完情绪和身体反应，情绪平复，理智恢复，再好好地思考：我因为什么事出现刚才的情绪呢？是因为对方的轻视、打压、虐待、冷暴力还是算计呢？我的内心深处究竟要的是什么呢？是尊重、关爱、关注、照顾还是安全感呢？这些需求是不是非要那个人给予，是不是只有一种方式才能满足呢？答案显然是否定的。

我们之所以曾经觉得自己别无选择，正是因为我们没有真正思考过别的选择，而现在就是真正学习和思考用更多方式来满足自己需求的契机。

（6）请思考和尝试用不同的方式满足自己的需求。

请闭上眼睛仔细思考自己理想的关系是怎样的、自己希望被怎样对待、自己想听到什么样的话，并记录下来。然后以自己最好的伴侣、最好的父母、最好的朋友的姿态，对自己说自己最想听的话，比如最真诚的道歉、最真挚的关爱、最真诚的谈心等，让自己体验被善待、被理解、被接纳、被呵护是怎样的感觉，练习满足自己的需求，也是练习自爱的过程。

如何摆脱隐性控制

请先坚持前述的记录和练习三个月,看看情绪发作的情况是否有所减缓、情绪发作的频率是否减少、情绪反应的时长是否减短,再酌情安排记录频率。

如果你愿意求助心理咨询师,这些记录也有利于你的咨询师更了解你的创伤体验的程度和过程。

你也许会愤愤不平:"难道就这样放过那些害人的人格障碍者吗?!他们不需要为自己的恶劣行径付出代价吗?!"

当然需要,如果他们出现了违法行为,请你在梳理完情绪后理性地寻求法律的帮助;如果他们做了许多伤害你情感、精神或者身体的事,也请在梳理完情绪后,进一步与他们断绝联系,耐心地修复自己的心理创伤和身体创伤,状态好了之后再思考适时地曝光或者采取其他应对办法。

当然,你也可以把自己宝贵的时间和精力花在自己身上,专注于修复创伤并重新开始,你离开他们之后变得更好对他们来说就是最大的"惩罚",无须你牺牲自己与人格障碍者殊死争斗、玉石俱焚。

你也许会悲伤、沮丧:"他真的不会变了吗?我们曾经有过相爱的美好时光呀!没有任何办法了吗?"

他们也许会变,但概率极低,除非他们自己有意识改变,并在极为艰难的改变过程中坚持下来,否则他们不会被外人改变。

大部分人格障碍者并不具备基本的情感能力和自省能力,期盼他们改变而带给你幸福,几乎是不可能实现的,也请你接受这个残酷的现实。

11 摆脱隐性控制，找回自己的声音

对于曾经的美好时光，请尊重这些体验，它们对你来说也是真实的、珍贵的，只是过去的已经过去了。人格障碍者本质上并没有爱人的能力，那些爱很大部分是我们自行脑补出来的，与他们的联结也许从未发生过，请接受失落和遗憾，感受到的时候，也请按照我前述的方法来梳理情绪。

你也许还有许多复杂的情绪，一会儿想要忘掉过去，一会儿想要原谅，一会儿又不甘心，想要报复，等等。这是我们结束一段痛苦的创伤体验会有的状态，不论产生了什么情绪，都请耐心地陪伴自己体验和梳理，用心记录下来，对自己、对每种情绪，都不要苛责和阻挠，只是体验和记录，不压抑、不评判、不归因，等待情绪平复。

请别担心，情绪会慢慢平复，身体的创伤反应也会慢慢减弱，我们会慢慢恢复，请陪伴自己真正地成长，告别虐恋，习得自爱。

学会面对分离

"我知道他很糟，但我离不开他。""我对别人没有这种感觉，也许这就是命吧！""每次提分手，我都觉得他好像有了一点点的变化。""比起独处的孤单，有他的陪伴我可能感觉好一些。""失恋真的太痛苦了！""他也不是完全的坏，他也有一些优点。""我很怀念我们好过的时光！""他对我那么糟，为什么分开了我这么难过

如何摆脱隐性控制

呢？"……

  大部分时候，我们是因为与人格障碍者相处时痛苦而选择分手，为什么分手之后没有得到"解脱感"，却让我们感到更痛苦呢？纵然发现对方有诸多的问题，也了解对方难以相处以及没有情感能力的现实，许多人还是对分离充满了恐惧。这是很常见也很正常的。人类是群居动物，对分离有着天生的恐惧，分离会冲击我们的内在自我价值感，也会让我们有损失感。

  分离时感到痛苦还有一个主要原因，那就是"情绪瘾"的戒断反应。亲密相处的过程中，快乐的时候，我们的脑部会产生大量让我们感到兴奋的多巴胺，虐心的时候，我们的脑部也会产生大量的冲突情绪以及痛感，不论是愉快的体验还是痛苦的体验，我们在亲密相处过程中的情绪体验大多是非常强烈的。这也是很多人平日里情绪稳定，一恋爱就变得患得患失的原因，恋爱能让我们隐藏的情绪从潜意识浮出水面，平日里情绪越压抑、情商越低的人，在亲密关系中就越容易情绪失控。如果我们没有了解、学习以及真正习得梳理自己的情绪，没有克服对情绪失控的恐惧，我们常常难以招架这种失控的局面。

  而亲密相处时强烈的情绪体验，我们身体的细胞也会记得，并产生一定的情绪瘾，这种情绪瘾会时常发作。比如你常在亲密关系中感到悲伤，晚上睡觉的时候常默默地流泪，即便你离开了这段关系，很长的一段时间里，即便没有发生什么值得悲伤的事，一到晚上你也会想要流泪。再比如，你常在亲密关系中感到开心，每天早上醒来的时候都感觉很开心，那么如果你离开了这段关系，很长一段时间里，令你开心的对象已经不在身边，这种戒断反应可能会更让你痛苦难耐。

不论与人格障碍者长期相处时开心与否，我们身体都会形成情绪瘾，因而让分离的过程变得难熬。所以，意识到分离之后，我们需要给自己一些时间和空间来接受和应对分离的痛苦。请了解，当我们愿意勇敢地面对分离，痛苦只会持续一阵子，我们最终会好起来。若每次面对分离都匆忙地想找到人格障碍者恢复联系以逃避痛苦，那么我们就会进入虐待循环，再也无法解决痛苦。

正如我前面分享的梳理情绪的方法，请了解，只要我们愿意接受情绪体验，勇敢地面对，那些情绪就都是暂时的，会真正平复的。

分离之后，每当情绪瘾"发作"的时候，就与自己的身体对话："我最近要体验一阵子分离之苦，这个苦是完全允许体验的，要辛苦身体一阵子了，会不定时发作一会儿，我愿意陪你一起体验和度过。"

从心智成长和心理健康的角度来说，分离也是一个珍贵的契机，让我们有机会了解自己内在的自我价值感是否已经稳定、对爱和肯定的匮乏程度，以及情绪梳理能力和自控能力。只要我们愿意学习并练习接受情绪、梳理情绪，我们也就会释放长久压抑在潜意识深处的负面情绪，这也是一个情绪排毒的过程。

我们的人生本就苦难重重，因为外界和他人从不受我们的主观意愿控制，那么"求不得"和"放不下"之苦便会贯穿我们的人生始终，对于不可避免的痛苦，比如分离之苦、日常的喜怒哀乐、挫败之苦等，请勇敢地接受并积极地应对；对于可以避免的痛苦，比如被虐待之苦、糊涂之苦、天真吃亏之苦等，我们可以通过不断地扩展认知找到更多办法来应对。

请了解，分离就是分离本身，是完全可以体验的，我们完全可以耐心地陪伴自己梳理分离之痛。

练习自爱和自我支持

允许自己待在一个不会在身心和情感上善待自己的人身边、允许自己处在充满虐待的亲密关系里、允许自己在关系里一再降低底线而不愿分离，等等，本质上都是不自爱的表现。

缺乏自爱的能力，可能缘于成长过程中体验过的无条件的爱与肯定较少，也可能缘于长期处在一段消耗身心的关系里，允许他人随意地对待自己而慢慢地习得性无助，不知道也不再关注如何自爱和自我支持……无论如何，结束一段糟糕的关系，让自己有机会重新开始，真正地陪伴自己成长，须从无条件地自爱开始。

自爱需要由我们内心开始爱自己，如果非常渴望外界和他人提供肯定和赞赏，将会进入无线失控和失衡的循环。自爱需要我们不再自我苛责，给予自己更多的肯定。我们常常会因为自己的不完美而责备自己，比如："你为什么不努力一点拿第一呢？！""你为什

11 摆脱隐性控制，找回自己的声音

么老是减不下来肥呢？！""你的脸真的太圆了！""你这个矮冬瓜！""你连这都学不会，你太没用了！""你怎么那么讨人厌！"等等。当我们意识到自己在责备自己的时候，请尝试立刻停止，把内心对自己的打压和贬低转变为对自己的支持和鼓励，比如："我按照心意做你喜欢的部分即可，无论排名多少，我都会依旧喜欢和支持自己的！""如果减肥真的让我觉得太辛苦了，就休息一会儿，无论胖瘦，我都喜欢自己当下的状态！""我的圆脸太可爱了！让我来探索一下圆脸合适的妆造吧！""我的个子好小，我会更注意保护好自己！""这个对我来说有点难，那我慢慢来吧！""如果别人不喜欢我，我更要多喜欢自己一点！"等等。当我们愿意把苛责自己的话语改为支持和鼓励自己的话语，我们就是在练习接受自己的不完美，并练习体验无条件地喜欢和支持自己了。

生活中，我们希望别人如何善待我们，我们就得先这样善待自己，让自己体验到好的对待是怎样的，这个过程就是更新和积累正向体验的过程。比如：希望别人能送自己花，就先送给自己一束花；希望别人说一些体己的话，就先这样说给自己听；希望别人能够给予温暖的拥抱，就先温暖地抱抱自己；等等。当我们能够自我关怀、自我满足，那么我们的自爱能力就会慢慢提升，不再失控地向外索取。

学习写感受信也是很好的练习。用心写一封感受信给自己，并以关爱的方式给自己回信，也是很好的提升自爱能力的方式。感受信分为两个部分：第一部分写出自己的全部真实感受，想象自己被

聆听、被理解；第二部针对自己写的信，以理想的收信人身份，充满关怀地立即给自己回一封信。回信的内容包括：用一种让你感到自己被理解的方式表示歉意；理解、认同自己的负面情绪；陈述充满支持、赞美、感谢和肯定意味的关爱言语；其他任何你想听到的理想收信人的回复。总而言之，通过感受信，我们可以真诚地与自己谈心，坦陈自己的真实感受和想法，并通过回信，写下我们真正期待听到的回复。写感受信不是为了发泄愤恨，而是为了练习对自己坦诚，表达自己的真情实感。我们若不能自己弥合自己的伤痛，学会关爱、支持、肯定自己，便很难对他人表现出充满爱心、松弛、积极的样子，也不能为自己的情绪承担责任，变得怨天尤人，唯独不解决自己的情绪问题，最后更难以识别真诚的人。

大多数情况下，我们之所以心烦意乱，是因为我们过度关注事情的消极方面。通过探索自己的真实感受和负面情绪，我们的注意力会分散，我们也会慢慢了解自己的真实需求，等到情绪平复，我们会想到办法自我满足，而不是不切实际地期待别人按照我们希望的方式来回应。这也是我们练习放下控制也拒绝他人控制的过程。

能够科学地梳理自己的情绪，合理地满足自己的需求，我们也就能够提升自爱能力，这种自爱能力不需要他人施舍或者强行从外界索取，而是从我们内心获得——真正地尊重自己的真实存在、真情实感，并真心地喜欢不完美但很真实的自己。

学会正确地归因，承担属于自己的责任，也是需要具备的能力。

一段痛苦的体验发生了，区分清楚哪些是自己的责任、哪些是外界的责任是十分重要的,有利于我们更好地了解自己以及更妥当地满足自己的需求以及解决问题。

他人怎么对待我们,关乎他人的情商、三观和人格模式,遭遇他人的情感虐待或者身体虐待,归因为自己不够好、不配被爱、表现不佳,便是把别人的责任过度揽到自己身上,本质上是一种自恋的表现,觉得自己对外界和他人的影响力过大。我们也许无法控制他人如何对待我们,但我们能够选择如何对待他人。别人的选择、行为和三观是如何的,不是我们的责任,更不需要我们去纠正和拯救。事实上,我们也无法用主观意愿和看法控制或者改变别人,越想控制,则越容易被自己的控制欲控制。我们也需要放下治愈或者改变别人的控制欲,放下把自我价值建立在对别人的控制上,不过度背负不属于自己的责任。

在梳理好情绪后,我们需要不断地思考我们自身承担的责任以及外界或者他人的责任边界,边界越清晰,人际交往越舒适,我们的自我和自爱也就越稳定。

我是人格障碍者,我该怎么办?

看到这里,也许有人会发现自己符合书中提及的某类或者多类问题人格障碍者的特征,为此焦虑、愤怒或者惶恐,也许会对书中推荐受虐者脱离关系的建议感到愤怒,对本书曝光了人格障碍者的

如何摆脱隐性控制

真实心理以及行为模式而感到不满，如果亲密关系中的伴侣因此开始拒绝自己，与自己保持边界和距离，可能就是这本书的错，等等。请了解，把责任推卸给一本书，是无法解决人格障碍者带来的问题的。

如果你意识到自己存在一些人格障碍者的特征，这些特征给你的情绪、生活以及人际关系带来了不小的困扰，并且，你愿意陪伴自己慢慢改善和成长，那么恭喜你，你的问题不算严重，只要你自愿改善，不断地拓展对问题人格的认知，不断地练习放下控制和执念，建立内在的自尊和自爱，更多地体验和表达真情实感，积极地寻求心理咨询师的帮助，最终是能够改善状况的。当然，也要意识到改善与成长并不容易，是一个艰难而漫长的过程，这也取决于个人的悟性、毅力和造化。

问题人格的成因多种多样，有遗传因素、原生家庭的影响，也有成长经历的影响，也受文化环境和传统观念的影响。

在写这本书的过程中，我也在回顾我的过往并深深地自省，很多问题我自己也体验过。在心智不成熟、没有拓展相关的认知、没有契机成长的时候，我们可能会表现出很多人格障碍者的特征，比如对边界和责任划分不清、无意识的自我失控以及妄图控制外界和他人、情感体验肤浅、缺乏自省、沉浸于自恋、共情不足等。我们并没意识到自身的这些问题，直到这些问题将我们拉入困境，给我们造成巨大的损失和痛苦，我们才有可能痛定思痛，有机会真正地反思、学习和成长。

本书没有给人格障碍者如何修复自我、改变自我的更多建议，因为大部分人格障碍者并不具备自省能力，并不会觉得自己的人格障碍给他人造成困扰有何不妥，甚至并不会主动阅读和学习本书。

本书不作为医学诊断参考，如果觉得自己的人格模式已经影响到自己的生活状态，还请去权威医院的精神科做更为专业的人格障碍测试，如果鉴定为人格障碍，也请找专业的医师慢慢治疗。

本书主要写给被人格障碍者伤害的人，为他们提供一些识别人格障碍者、与人格障碍者设定安全边界以及进行创伤修复的参考和建议。因为受害者们通常具备较强的共情能力和自省能力，也能够帮助自己脱离困境。

如何为自己选择一个合适的心理咨询师

不论你是人格障碍者还是虐待关系中的受害者，寻求心理咨询师的帮助都是一个明智而勇敢的选择。比起通过打击报复、胡吃海喝、买买买等逃避痛苦和压抑情绪的方式来发泄情绪，找一个能够让你体验真诚的关系、快速为你化解情绪和拓展认知的心理咨询师是更智慧的选择。

而选择心理咨询师，也需要识人的智慧和缘分。有的心理咨询师是通过应试教育考出来的"学究"，理论很多，但是实际工作过程中错漏百出，他们也很可能是人格障碍者，比如自恋的心理咨询

如何摆脱隐性控制

师没有倾听的能力，总是居高临下地"打压"和"教育"咨询者；有情商障碍的心理咨询师常常否定咨询者的真实情绪和真实想法；患有反社会障碍的心理咨询师常常操控咨询者，使其付更多的钱；等等。所以，在心理咨询师的筛选上要清醒地思考和观察。

在找寻与筛选心理咨询师的过程中，可以参考以下的建议。

（1）对自己面临的问题和心理咨询师有全面的了解。

请先了解你所面对的问题的相关资料，比如遇到了某种类型的人格障碍者，了解与其相关的知识和信息。

了解身边是否有口碑比较好的心理咨询师，或者耐心了解各个心理咨询师在心理类相关媒体上分享的内容的专业性，审查所咨询的心理咨询师的经验和专业证书，在与其交往的过程中不断观察和感受，尊重自己的真实感受，切不要因为对方仅有专业证书就盲目信任。

咨询前可以问问目标心理咨询师擅长哪一种疗法，再去了解对应的疗法的特点，以及前期体验一下这种疗法是否适合自己，觉得不合适的时候可以随时终止咨访关系。

（2）选择对你所面临的问题有一定经验的心理咨询师。

在前期的咨询过程中就要了解你所选择的心理咨询师对你的问题是否有深入的了解、研究和经验，可以直接地询问他对某方面问题的见解，了解其专业度。一般来说，对某类问题经验不多的心理咨询师会推荐相关方向的心理咨询师为你咨询。

在前期也要观察这个心理咨询师的倾听能力、沟通能力、三观表达带给你的真实感觉，如果你感觉不妥，随时可以暂停或者终止咨访关系。

（3）如果在专业医院接受心理方面的药物治疗，请不要擅自停药。

许多抑郁症或者躁郁症患者担心药物对身体产生副作用而自行停药，请了解，比起药物的副作用，主要的病症被治疗和缓解更为重要。在服药的过程中配合心理咨询师的治疗，唯有在思维和逻辑上了悟问题的原因和解决问题的方式，心理问题才有可能真正缓解，病情也会有效地缓解。

（4）不断地在咨询过程中评估心理咨询师。

虽然专业的事找专业的人来办是没有问题的，但你自己也要不断地用心学习相关知识，提升自己的认知水平，并不断尝试心理咨询师提供的方案，看看这些方案是否能有效地解决你的问题，以评估当下的心理咨询师是否适合自己。

（5）规划一部分钱用于心理咨询。

如果遇到生活上或者心理上的困境，求助于心理咨询性价比是较高的，尽管心理咨询费用在目前的大众消费水平来看并不低，求助心理咨询是我们练习自我支持和自爱的途径之一，也是一种自我投资。请了解，面对棘手的问题，随时都可以向专业人士求助和求救。

详细了解心理咨询的收费标准和明细，结合自己的承担能力做规划。一般来说，心理咨询师不会过度强调收费标准。

难以承担心理咨询费用的伙伴也可以自己探索心理学方面的专

如何摆脱隐性控制

业书籍和其他资料。本书也是帮助你提升识人能力以及保护自己身心安全的一个帮手，自学也能够拓展认知，只要你愿意陪伴自己成长，那些困扰你的问题终会慢慢得以解决。

后记

关于如何看待人格障碍者

"人格障碍又怎样?当今社会又有几个人是正常人?难道这些人格障碍者就不配被爱吗?""为什么对人格障碍者一点同情心都没有?都不去治愈他们,反而还离开他们!""我就是人格障碍者,就喜欢你看不惯我又干不掉我的样子!"……在我的自媒体分享关于人格障碍的内容以来,我收到了很多网友义愤填膺的质问和攻击,我也在本书的后记中聊一聊如何看待人格障碍者以及令彼此舒适的社交边界。

首先,我分享识别人格障碍的心理学知识,并不是为了攻击、改变或者消灭人格障碍者,也不是为了让大家了解了人格障碍者的特征之后去攻击、羞辱或者消灭生活中看不顺眼的人,比如胡乱地指责看不顺眼的人:"你这个自恋狂!""你是个表演型人格!求关注狂!""你一定是偏执狂!"而是帮助大家拓展认知,用于自省、自我成长或者用于设立安全的关系边界、了解危险关系的真相,进而走出受虐的创伤，及时止损，有效地应对危急情况，真正学会保护好自己。就如同了解消防知识，我们才能够很好地避免或者快速地察觉火情以及在危急时刻真正地有效自救，了解基础的电路原理，我们才能够在电路故障的时候不胡乱行事，避免触电等，了解人格的多样性，是为了提高自身的安全意识以及看清危险关系的真相，提升面对关系困境时解决问题的能力，而不是以此来攻击、诋毁和报复他人。许多人因为缺乏对人格多样性的认知，对所面对的人格障碍者缺乏现实的了解，进而进入一段难以逃脱的危险关系，社会新闻中相关的民事、刑事案件层出不穷，由于严重的心理创伤而影响一生的咨询者络绎不绝，很多情况就是受害者在关系初期没能识别人格障碍者的危险性，最后深陷其中，遭受伤害，最后两败俱伤，酿成悲剧。了解人格障碍者的特征和危险性，主要目的在于与其保持安全合适的边界，面对人格障碍者带来的危急情况，能有心理准备和知识储备来应对，确保自己的安全。日常生活中，也请尊重人格障碍者的权利，不以个人的喜恶和偏见来攻击人格障碍者。

其次，每种人格障碍都有自己独特甚至超凡的优点，比如自恋型人格障碍者，他们看起来多半自信、热情、外表光鲜亮丽，尽力为自己争取更多的外在利益和资源，看起来往往十分上进，很多自恋者确实能够收获世俗的成功和成就，获得较高的权力和地位，可以算得上充满性魅力；偏执型人格障碍者由于持续的偏执观念会让他们做人做事都较为极端，很多行业的精英都具备偏执型人格障碍者的特征，没有一点偏执，确实很难将一些高难度的工作做到极致，比如医学和尖端科技领域；而患有表演型人格障碍的网红或者演职人员也能够给观众带来很多乐趣和出其不意的新鲜感，生活中的表演型人格障碍者多半热衷社交、待人热情又十分幽默；等等。

我在书中详细介绍了每种类型的人格障碍者独特的优点以及独特的魅力，他们在工作中也许是很不错的合作伙伴，在生活中也许是不错的情绪调剂者，但在亲密关系或者亲子关系中，人格障碍者的独特心理和行为风格以及情感能力的匮乏，无疑会给与其亲密相处者带来极大的身心消耗和伤害。如果已经了解了人格障碍者的心理和行为逻辑，明确自己想要的是什么，也知道自己要面对和承担什么，并且做出了选择，那么当人格障碍者开始消耗我们的身心和资产的时候，我们早已有了心理准备，不会感到太意外或者太过崩溃，相处过程中也不会因为常常困惑而过度自我怀疑，本质上也是把伤害降到了最低。

了解人格障碍者的真相，有利于我们基于现实重新调整与其相处的方式，对于可能面临的伤害和耗损，也尽早做心理准备，危急时刻能有意识地保护好自己。人格障碍者完全配得到爱，也完全可以凭智商获得各类资源，只要有人愿意奉献，那谁也无权干涉。

还有一个需要面对的现实是，人格障碍者极难改变。我可以理解很多人总希望自己能够治愈他人，渴望通过牺牲自己来改善人格障碍者，并天真地相信爱可以改变一切，并不切实际地把自己的自我价值感建立在自己对他人的改变和影响力上。其初心是善良的，也是不现实的，因为大部分人格障碍者缺乏自省能力和共情能力，

如何摆脱隐性控制

根本意识不到自己的问题，情商也较低，所以所谓的治愈对他们而言是根本不存在的，我们也无法控制他们的意愿，在他们自愿改变之前，没有人能够改变他们。即便一部分人格障碍者想要改变，其改变的过程也是极为艰难，鲜少成功。

人格障碍通常在青少年时期开始形成，如果你是一个对人格障碍认知较高、经验丰富的家长、老师或者心理咨询师，处在青少年时期的人格障碍者是可以通过你的正向的引导有所变化的。但若一个人格障碍者已经成年，长年累月的固化思维和难以再生长的共情神经系统和情商能力会让这个人的行为逻辑十分顽固，这就是人格障碍者最危险的地方：他们可能有极高的智商，并不属于精神疾病范畴，他们的行为又不受感性或者道德的约束，那么他们为达目标将会不择手段。人格障碍者一旦产生欲望，其身边亲近的人多半首先遭殃，更不要说治愈人格障碍者了，这是连最厉害的心理医生也难以做到的事。请大家保持清醒，更多地自爱与关注自我，而不是改变他人。

有一些伙伴给我留言，说自己有人格障碍的症状，也深受其扰，想要改变，问我该怎么办。请这些伙伴不用太过担心，能意识到问题并愿意改变的人往往问题都不太严重。

人无完人，现实从不按照我们的主观意愿发展，所以失控在所难免，失控持续存在，痛苦也就不可避免，趋乐避苦是人的本能。心智成长的过程从无坦途，勇敢地面对痛苦吧。逃避特定的痛苦是人格障碍形成的主要原因之一，比如逃避不完美的痛苦，可能会形

后记

成自恋型或者强迫型人格障碍；逃避分离的痛苦，可能会形成边缘型、依赖型、回避型人格障碍；逃避现实不可控的痛苦，可能会形成分裂型、表演型、自恋型人格障碍等。我们过度害怕某种不可避免的痛苦而逃避的人生功课，会在我们的生活和人际关系中造成某种障碍，导致我们陷入某种困境。

我之所以能够深度地研究与解析人格障碍，是因为我年少时也出现过一些人格障碍的特征，只是不严重，我也曾遇到过很多人格障碍者并天真地与他们发展亲密关系。因为缺乏对人格障碍者的认知，我不幸地体验过不少痛苦和损失，这本书也是我痛定思痛，不断学习、探究和实践所分享的经验，相信能够陪伴许多陷于关系困境的伙伴认清身边人，保护好自己。

最后，我想说的是，人性是复杂、丰富而多变的，每个人都是特别的生命个体，有着独一无二的人生经历和体验，这是我们生命本质的价值，无须任何条件，我们的存在本身就是有价值的，值得被尊重。请在远离危险的人格障碍者的同时，给予对方基本的尊重，多关注自我成长，少费心干涉或者改变他人。

对本书的解析还有疑问或者不同观点的伙伴，可以在我的主页上给我留言或者发私信，我会一一回复。

致谢

这是我人生中创作的第一本书,对我来说并不容易。我不是心理专业出身,我原本是个漫画师,还做着成为漫画家的梦,然而这个梦想因我不幸患上抑郁症而搁置了。在我与重度抑郁症相处的年岁里,我仅存的一点求生欲和好奇让我有幸与心理学建立了深度的联结,有契机真正地拓展心理学认知,学习和练习心智成长,了解了自己曾经不成熟的心智状态和人生的真相,也了解了我所遇到的有人格障碍的家人、朋友、伴侣、同事给我带来的长期不良影响的真相,同时看见并疗愈了自己多年的创伤,慢慢走出了重度抑郁症带来的劫难。我也有幸开始做心理和情感类咨询的自媒体,陪伴许多像我一样暂时陷入人生困境的伙伴一起走出迷雾,重获自由意愿的人生状态。

本书汇集了我对自身真实经历的深度探索、多年经营心理类自媒体以来网友的反馈、我的线上咨询者的真实案例,以及我对心理学相关文献的探究与总结。为此我要特别感谢联系我的编辑思瑶,以及所有为本书的出版花费时间和精力的伙伴。感谢思瑶用心地了解了我在自媒体上分享的内容,并聪慧地选出了我所认可且主要普及的核心内容(对人格障碍的识别和危险关系中有效的自我保护方式)并给予了我充分的欣赏、认可和支持,不断鼓励我编辑相关的科普内容,给予了我一个发声的机会。也由于思瑶的耐心和信任,我也才有机会体验一次"创作者"的身份,也完成了我渴望出版自己真心意愿的作品的夙愿。

在我撰写本书的过程中,思瑶细致地对我忽略的许多细节给出了优化的建议,并耐心地陪伴我了解图书出版的流程、注意事项、写作技巧。对于像我这样并不着眼于流量、只想真诚分享观感和思考的自媒体博主来说,这种鼓励尤为重要,给予了我坚持把本书写完的勇气和信心。

感谢我的爱人飞飞,谢谢他让我体验到了充满关爱、温暖和治愈力量的亲密关系,并在我因抑郁症而消沉和无力的日子里对我关爱、照顾有加。对于我想做的事,不论是运营情感和心理类的自媒体还是编写相关的书籍,他都给予了我非常多的支持和鼓励。感谢他用心地与我合作经营我们的婚姻,我们共同成长,成为彼此温暖而富有安全感的后盾。我们在正向的关系中都学到了人生最珍贵的一课,那就是彼此无条件地自爱和爱人。

在学习且收获识别人格障碍者的相关知识后,我变得明智许多,我不再会与人格障碍者有过多的交集,并且能够与其保持安全的边界。我也有幸识别出我的爱人飞飞是一个人格健康、充满爱的能力的温暖伴侣,与他相伴的日子里,我真正体验到了婚恋的美好,我不再是年少那个无差别地与外界为敌、对婚恋充满恐惧、叫嚣着与世隔绝的"独立"的懵懂女孩,有幸成为一个体验家庭幸福、美满,

如何摆脱隐性控制

具备与他人合作能力的成熟女性，从因创伤陷入重度抑郁的人生至暗状态转变为乐观、自主、充满光亮的人生状态，这种感觉如同命运的颠覆。

感谢我的网友融一，谢谢他从我作为漫画师开始就对我的漫画作品给予非常多的欣赏和支持；在我因为重度抑郁症而辍笔不更、与病魔相处的日子里，他在线上给予了我很多关心和帮助，还挑选了很多优质的心理学书籍并寄送给我，以真诚谈心和探讨观点的方式陪伴我度过了许多至暗的时光。我的很多认知觉醒、关键的开悟都是来自他的启发，以及他所推荐的心理学以及哲学类书籍，他给我的心智成长提供了关键性的帮助。在此真心感谢这位灵魂好友雪中送炭。也真诚感谢那些在我的人生至暗时刻陪伴我度过的真诚的友人。

感谢每位给予我信任的线上咨询者，我在陪伴他们走出创伤、化解困境的过程中也感受到咨访关系中建立的真诚关系带来的治愈力量，我也收获了不少，愿今后能够为更多伙伴解惑，陪伴伙伴们在人生旅程中成长。

也感谢所有认可我的创作以及愿意支持这本书的网友和读者，你们的每份真诚支持和鼓励都是我能够坚持创作和研究下去的动力。

参考文献

[1] [美]美国精神医学学会.精神障碍诊断与统计手册.第5版.[美]张道龙等.北京：北京大学出版社，2015.

[2] [美]M.斯科特·派克.少有人走的路.于海生.长春：吉林文史出版社，2007.

[3] [美]帕萃丝·埃文斯.不要用爱控制我.郑春蕾，梅子.北京：京华出版社，2012.

[4] [美]拉马尼·德瓦苏拉.为什么爱会伤人.吕红丽.杭州：浙江大学出版社，2022.

[5] [美]兰迪·克雷格.边缘型人格障碍.周珏筱.北京：台海出版社，2018.

[6] [美]伦迪·班克罗夫特.他为什么打我.余莉.北京：北京联合出版公司，2021.

[7] [美]巴里·温霍尔德，[美]贾内·温霍尔德.依赖共生.李婷婷.北京：台海出版社，2018.

[8] [美]玛莎·斯托特.当良知沉睡.吴大海，马绍博.北京：机械工业出版社，2016.

[9] [美]杰克森·麦肯锡.如何不喜欢一个人.高娃.北京：北京联合出版公司，2017.

[10] [美]列纳德·蒙洛迪诺.潜意识.赵崧惠.北京：中国青年出版社，2013.

[11] [美]丹尼尔·戈尔曼.情商.杨春晓.北京：中信出版社，2010.

[12] [美]蕾切尔·西蒙斯.女孩们的地下战争.徐阳.海口：海南出版社，2022.

[13] [美]罗伯特·K.雷斯勒，[美]汤姆·夏希特曼.FBI心理分析术.马玉卿，

王晓雪. 北京：民主与建设出版社，2016.

[14] [美]加文·德·贝克尔. 恐惧带给你的礼物. 陈羚. 北京：中华工商联合出版社，2018.

[15] [美]加文·德·贝克尔. 复原力. 王毅. 北京：中信出版社，2020.

[16] [美]格雷. 男人来自火星，女人来自金星. 黄钦，尧俊芳. 长春：吉林文史出版社，2010.

[17] [美]阿米尔·莱文 蕾切尔·赫尔勒. 关系的重建. 李昀烨. 北京：台海出版社，2018.

[18] 武志红. 为何家会伤人. 北京：北京联合出版公司，2018.

[19] 武志红. 愿你拥有被爱照亮的生命. 北京：北京联合出版公司，2015.

[20] 武志红. 为何越爱越孤独. 北京：化学工业出版社，2009.

[21] [日]岸见一郎，[日]古贺史健. 被讨厌的勇气. 渠海霞. 北京：机械工业出版社，2021.

[22] [英]亚当·杰克逊. 手写人生. 王胜男. 北京：北京联合出版公司，2019.

[23] [美]约翰·道格拉斯，[美]马克·奥尔谢克. 心理神探. 阎卫平，王春生. 上海：上海译文出版社，2017.

[24] [英]杰夫·艾伦. 亲密关系的秘密. 刘仁圣. 长沙：湖南文艺出版社，2021.

[25] [加]克里斯多福·孟. 亲密关系. 张德芬，余蕙玲. 长沙：湖南文艺出版社，2015.

[26] [美]D.Q.麦克伦尼. 简单的逻辑学. 赵明燕. 杭州：浙江人民出版社，2013.